果蔬种植
知识问答

韩世东　周桂芳　杨勇　郝宝文　编著

中国农业出版社
北京

前　　言

　　果蔬产业是现代农业产业结构的重要组成部分，发展果蔬产业也是农村生产力转化，帮助农民脱贫致富的重要途径之一。强化农民技术培训，大力宣传推广现代蔬菜生产新技术、新品种以及高效栽培模式，着力培育一批规模适度、效益良好、科技含量高的蔬菜产业示范村、示范户，加速农民脱贫致富，已是当务之急、大势所趋。为适应和推动这一发展形势，我们特编写了《果蔬种植知识问答》一书。

　　本书从当前我国北方地区果蔬产业的发展形势和需要出发，选择了茄子、黄瓜、番茄、辣椒、菜豆、马铃薯和草莓7种栽培面积大、经济效益高、发展前景好的典型蔬菜和水果，详细介绍了每种作物的环境要求、形态特点以及对生产的指导作用，主要栽培品种类型与优良品种，品种选择原则，现代育苗技术，高效栽培模式，育苗期与定植期的确定，露地栽培管理技术与保护地栽培管理技术，采收与采后处理，以及主要病虫害防治等知识。

　　本书编写者均具有多年生产经验以及农民技术培训经验，从农民实际需要出发，以蔬菜和草莓生产的主要技术环节和常见问题为主线，一问一答，实用性和针对性强。同时图文并茂、深入浅出、通俗易懂，突出了农民用书的先进性、可读性、技术性、实用性和可操作性，既可作为果蔬产业农民的培训教材，也可作为果蔬生产技术及管理人员的参考用书。

由于作者的水平有限以及受编写时间的限制，该书难以对有关的技术和内容做更详细深入地介绍，同时疏漏之处在所难免，恳请读者给予谅解和批评指正。

编　者

2018 年 4 月写于山东潍坊

目　　录

目　录

第一章　茄子生产技术

一、认识茄子

1. 茄子对栽培环境有哪些要求？

（1）茄子属于喜温耐热蔬菜，不耐低温。种子发芽的最适温度 25～30℃，生育适温 15～32℃，在 17℃ 以下时生长缓慢，15℃ 以下时引起落花，低于 10℃ 新陈代谢失调，遇霜冻死。根系生长的适宜地温 20～22℃。

（2）茄子较喜光，不耐阴。在长日照、强光照条件下，生长旺盛，产量高，果实着色好。光照弱时，将导致徒长、落花落果或果实着色不良。栽培上，需要进行合理密植，保持充足的光照。

（3）茄子属于半耐旱性蔬菜，不耐涝，田间积水易引起烂根。生产中多采取垄作，既有利于合理灌溉，又能够防止田间积水引起伤根。保护地栽培适宜进行滴灌浇水。

（4）茄子对土壤的适应能力比较强，在各种土壤中都能正常生长，但最适于在富含有机质、保水保肥能力强的壤土中栽培。

茄子以采收嫩果为主，需肥量大，对氮、磷、钾的吸收比例为 1：0.5：1。氮肥充足时，茄子茎叶粗大，植株生长旺盛，可以形成较多发育良好的花芽，结实率也高。氮素不足，花多发育不良，短柱花增多。盛果期对钾的需求明显增多，应加强钾肥的施用。茄子对镁的需求在结果以后开始明显增加，缺镁会使叶片主叶脉附近褪绿变黄，叶片早落而影响产量。茄子的根系较耐肥，特别喜欢在有机肥充足的地块栽培。

2. 茄子植株有哪些特点？对茄子生产有哪些指导作用？

（1）茄子根系发达，主要根群分布在近地表 30 厘米以内的土层中，起垄栽培有利于根系的生长发育。茄子的根系较耐移植，适合育苗移栽。

（2）茄子成株的茎基部木质化程度比较高，直立、粗壮，因而一般情况下，植株不需搭架插杆支撑。茎上分枝较多，但很有规律。当主干达一定叶数时，顶芽分化形成花芽，花芽下的两个侧芽生成一对第一次分枝。第一次分枝形成 2～3 叶后，顶端又形成花芽和第二次分枝（2 对 4 个），如此不断向上分枝，构成"假轴分枝"（图 1-1）。一般只有 1～3 次分枝比较规律，结果良好。因此，需要对茄子进行整枝打杈，保留适当的分支数量，集中营养结果，提高商品果率。

（3）茄子的花多为单生，也有 2～4 朵簇生的，白色或紫色，基部合生成筒状，开花时花药顶孔开裂散出花粉。花萼宿存，其上有刺。根据花柱长短不同，可分为长柱花、中柱花和短柱花 3 种花型（图 1-2）。长柱花柱头高出花药，花大、色深，容易在柱头上授粉，为健全花；中柱花的柱头与花平齐，授粉率较长柱花偏低；短柱花的柱头低于花药，花小，花梗细，授粉的机会非常少，通常几乎完全落花，为不健全花。生产中应采取措施提高长柱花的数量，减少中、短柱花的数量。

（4）茄子的果实为浆果。果实形状有圆形、扁圆形、卵圆形、长形等。单果重 50～300 克。果实颜色有紫红、白、绿、青等，而以紫红色最为普遍。生产中应根据当地的消费习惯，选择果形、颜色、大小适宜的品种。

（5）茄子的种子黄色或黄褐色，有光泽。种皮组织细密，革质化，较坚硬，透气透水能力差，茄子的种皮革质，厚而坚硬，表面有蜡质层，透水通气性较差。干种子直接播种时，往往会由于土壤水分不足或湿度过大，通气不良，而不能正常发芽出苗，或者发生烂种。因此，要求浸种催芽后播种。

图 1-1 茄子的分枝结果习性
1. 门茄 2. 对茄 3. 四门斗 4. 八面风

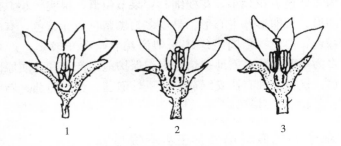

图 1-2 茄子花型
1. 短柱花 2. 中柱花 3. 长柱花

3. 茄子栽培品种有哪些类型？

按照茄子的果实形状分为圆茄、长茄和卵（矮）茄 3 种类型。

（1）圆茄　植株高大，多在 1 米以上。生长势强。叶片宽大而肥厚，叶色浓绿，叶缘缺刻钝，呈波浪状。花朵较大，淡紫色，花梗肥粗。果实肉质较紧密，圆球形、扁圆形或短圆形，黑紫色和赤紫色。多属于中晚熟品种。我国北方各省栽培的茄子品种多为此类型。优良品种有黑茄王、西安紫圆茄、天津二苠茄、丰研 2 号、圆丰 1 号等。

（2）长茄　植株高度中等，多为 60~80 厘米。生长势中等。叶多绿色，较狭小。花朵较小，颜色多为淡紫色。果实为长棍棒形，细长或稍弯曲。果皮较薄，肉质松软，果皮颜色多为紫色，间或可见到绿色和白色品种。结果数较多，单果重量轻。多为早、中熟品种。除在我国南方各省份普遍栽培外，现在北方各省份也广泛种植，特别是冬春温室栽培长茄品种较为普遍。优良品种有布利塔、济丰长茄 1 号、紫阳长茄、扬茄 1 号、黑秀茄等。

（3）卵（矮）茄　植株较矮小，生长势中等或较弱，但抗性较强。茎叶细小，叶片薄，边缘波浪状，叶色淡绿，叶面平展。花多为浅紫色，花朵小，花梗细。着果节位低，果实较小，果形有卵圆形、长卵形、牛心形。果皮多为黑紫色或赤紫色，有的品种为绿色、白色。果肉组织疏松似海绵状，种子较多，产量不高，多为早熟品种。露地栽培较多，保护地因产量和品质原因较少栽培。优良品种有西安绿茄、北京灯泡茄、金华白茄、新乡糙青茄、蒙胧茄 3 号等。

4. 茄子的优良栽培品种主要有哪些？

（1）黑茄王　中晚熟一代杂交种，耐热抗病。植株生长势强，株高 90 厘米左右，始花节位 9~10 节，果实近圆形，紫黑油亮，无绿顶，果把小，果肉浅绿色，肉质细腻，果实内种子少，耐老熟，商品性极佳。单果重 600～800 克，最大果重 1 500 克。亩①产 4 500 千克以上。黑茄王在高温生长季节果实着色好，越夏栽培连续坐果能力强，具有优质、耐热、丰产、抗病的特点。适于华北、西北、华东部分地区双膜覆盖、露地地膜覆盖及夏播栽培。

（2）天津二苠茄　为中熟种，果实圆球形稍扁，表皮紫色，果顶部略浅，有光泽。单果重 750 克以上，最大果实可达 1 500 克。果肉白色致密细嫩，种子较少品质优，一般亩产 5 000 千克左右。适合于深冬茬日光温室栽培。该品种喜水肥，门茄采收后及时追肥。及时整枝，摘除腋芽和侧枝。

（3）布利塔　是由荷兰瑞克斯旺公司培育的高产抗病耐低温优良品种。该品种早熟，果实长形，长 25～35 厘米、直径 6～8 厘米，单果重 400～450 克，紫黑色，质地光滑油亮，绿萼，绿把，比重大，味道鲜美，耐储存。正常栽培条件下，亩产 18 000 千克以上。丰产性好，生长速度快，采收期长，适于日光温室、大棚多层覆盖越冬及春提早种植。

（4）紫阳长茄　该品种植株生长健壮，茎秆与叶面呈紫黑色。主茎第 7～8 节着生第一花序，1 个叶片着生 1 个花序，每个花序能同时坐果 2～3 个。果实长棒形，长 30～35 厘米，横径 5～6 厘米，单果重 300～400 克。果皮紫黑色、有光泽，肉质细嫩，种子少，品质佳。坐果率极高，生长迅速，一般每亩产量 5 000～6 000 千克，高产田可达 8 000 千克以上。高抗茄子黄萎病、绵疫病和叶部其他病害，耐寒能力强，适于日光温室、大棚多层覆盖越冬及春提早种植。

（5）黑秀茄　保护地专用一代杂种。株高 85 厘米，株型半直立。早熟，首花节位 9 节，果实黑紫色，长条形（33 厘米×3.5 厘米），单果重 150 克以上。果皮光亮，着色均匀，一致性

---

① 亩为非法定计量单位，1 亩≈667 米²，余同。——编者注

好。在低温条件下坐果能力强，弱光下着色好，商品果率高，商品性佳。适宜大棚或日光温室春提早或越冬栽培。

（6）快圆茄　株高50～60厘米，开展度较小，茎绿紫色，叶绿色，叶柄及叶脉浅绿色。门茄多着生于6～7节。果实圆球形稍扁，果皮深紫色，有光泽，果肉细而紧，品质和外观均佳。早熟，定植至始收期35～45天，果实生长快，前期产量高，亩产3 500千克以上。耐寒，适合于露地早熟及保护地栽培。

（7）紫丽人长茄　株型直立，叶片小，分枝性强，节间短。每两叶着生一花，连续坐果能力强。果实长形，平均果长30～40厘米，直径5～8厘米，单果重400～600克。果实紫黑色，质地光滑油亮，紫把，紫萼，味道鲜美。耐低温，低温期生长良好，畸形果少。丰产性好，亩产量15 000～18 000千克，最高亩产超过20 000千克。

（8）亚布力　中早熟杂交一代品种，株壮中高，长势旺盛均衡，开展度大，绿萼、绿把，无刺，果色紫黑亮，果型整齐，比重大，味道鲜美，连续坐果能力强，丰产性好，采收期长，平均果长30～38厘米，单果重380～420克。适应不同气候，耐激素，货架期长，抗烟草花叶病毒。露地栽培、保护地栽培均可，亩栽1 800～2 000株。温室秋延迟越冬栽培，6月中下旬至7月中旬育苗；早春栽培10月下旬至翌年1月上旬育苗。双干整枝，主干留果。植株生长旺盛时，侧枝上可留一个果，侧枝结果后应及时摘心。

（9）大龙长茄　一代杂交种，生长势强；耐低温能力好，坐果力强；果实长大型，果长25～33厘米，果粗5～7厘米，果肉柔嫩，果实黑紫色，光泽度好，萼片紫色，品质优秀。抗病性强，对斑点落叶病、枯萎病、根腐病抗性强。叶片较大，株型直立适于密植，耐寒、耐高温，适合温室大棚长季节栽培及露地栽培。

（10）鹰嘴紫长茄　中熟品种，从播种到采收110天左右，株高75厘米，植株长势强，开展度大。枝繁叶茂，8～10片长出1

朵花，果实尖嘴稍弯，尖细似鹰嘴。果长 40 厘米左右，单果重 150～250 克，果皮黑紫色，有光泽，肉白色较疏松，品质好，不易老化。一般亩产 3 000～3 500 千克，露地、保护地均可种植。

5. 怎样选择茄子品种？

选择茄子品种一般应从以下几个方面进行考虑：

（1）根据所选用的栽培模式选择品种 要求所选用的茄子品种与所选的栽培模式相适应。一般来讲，选择栽培期短的栽培模式时，应优先选用早熟品种；选择栽培期较长的栽培模式时，应选择生产期较长的中晚熟茄子品种。露地栽培应选用耐热、适应性强的茄子品种；冬春季保护地栽培则应选用耐寒、耐弱光能力强，在弱光和低温条件下容易坐果的茄子品种；用塑料大棚进行春连秋栽培时，应选择耐寒、耐热能力强、适应性和丰产性均较强的中晚熟茄子品种。

（2）根据当地和外销地的茄子消费习惯选择品种 要求所选用的茄子品种在果实的形状、颜色等方面适合消费习惯。一般来讲，东北地区比较喜欢深紫色的长茄，其他地区则不大严格。另外，北方地区冬季比较喜欢长茄，而春夏季则较喜欢圆茄。

（3）根据当地茄子病虫害的发生情况选择品种 就目前茄子生产上的病虫发生情况来讲，露地栽培茄子必须选用抗黄萎病、绵疫病、褐纹病以及病毒病能力强的品种；冬春季保护地内栽培则要求选用对茄子黄萎病、灰霉病、褐纹病、早疫病等主要病害具有较强的抗性或耐性的品种。

二、茄子育苗技术

6. 茄子育苗方式有哪些？

目前，茄子生产上常用的育苗方式主要有温室育苗、电热温床育苗、风障阳畦育苗、小拱棚育苗等。各育苗方式因其对茄苗的保护效果不同，在应用季节以及育苗质量等方面差异较大。

（1）温室育苗　温室的保温效果好，冬季温室内的温度较高，易于培育出适龄壮苗，是低温期主要的育苗方式，也是专业育苗的主要方式之一，主要用来培育茄子早春塑料大棚、日光温室栽培育苗。温室育苗的主要缺点是建造温室投资大，育苗的成本高。除专业育苗单位外，目前生产上大多是结合温室生产，在温室内进行育苗，以降低育苗费用。

（2）电热温床育苗　电热温床是用电热线把电能转化为热能，对育苗床土进行加温，使育苗床土保持茄子育苗需要的温度。电热温床培育出的茄苗，根系比较发达，幼苗生长势强，容易培育出壮苗，并且育苗期也较短。电热温床育苗存在的主要问题是需要电源支持；苗床失水快，容易发生干旱，水分管理要求较严格。由于受电源和育苗技术的限制，目前电热温床育苗主要用于电源充足、育苗条件较好以及茄子育苗水平较高的地区。为节省用电，电热温床多与温室、大棚或阳畦等育苗设施相结合，在电热温床内培育小苗，在温室、大棚、阳畦等设施内培养成大苗。

（3）风障阳畦育苗　风障阳畦结构简单，苗床空间较小，保温能力有限，育苗环境不良，苗床内的环境分布差异较大，育苗时间较长，一般需要 110 天左右，茄苗的质量也较差。在一些生产条件较好的地方，该育苗方式已很少使用。

（4）小拱棚育苗　小拱棚的空间较小，保温能力差，温度低，环境分布差异也较大，育苗较晚，育苗期也较长，目前主要用于早春茄子育苗，冬季育苗时要与其他大型育苗设施结合进行。

7. 茄子生产对种子质量有哪些要求？

茄子生产中，对种子的质量要求是：品种纯度不低于 95%，净度不低于 98%，种子发芽率不低于 75%，种子含水量不高 8%。

8. 茄子播种前应对种子做哪些处理？

（1）选种　剔除杂物以及颜色、形状有异的种子。破碎的种子以及发霉、畸形、变色、小粒的种子也应剔掉。

（2）晒种　晒种能够提高种温，降低含水量，增强种子的吸水能力，提高发芽势。另外，对一些新种子进行晒种，还能够促进后熟，提高发芽率。一般晒种 1～2 天。

（3）消毒　主要是对种子上携带的病菌及虫卵等进行灭杀，避免或减少苗期病虫危害。茄子种子消毒目前主要采取的是药剂消毒（如用 500 倍的多菌灵浸种 1～2 小时，或用 1 000 倍的高锰酸钾溶液浸种 30 分钟，捞出种子用清水漂洗后，再用清水浸种和催芽）和高温灭菌两种方法（先用温度为 25～30℃的温水浸种 10 分钟左右，然后用温度为 55～60℃的热水浸种 10～15 分钟）。

（4）浸种催芽　茄子浸种适宜水温为 25～30℃，连续浸种 10 个小时左右。浸种结束后，捞出种子沥干水分，用湿布包住种子，放在 28～32℃的黑暗条件下催芽。催芽期间每隔 10～12 小时用新鲜的温水淘洗种子一遍，一般 4 天左右后即可开始发芽。当大部分种子的芽长达到种子的直径大小时，开始播种。

（5）激素处理　激素处理的主要目的是打破休眠，提高种子的发芽率，缩短发芽时间，并使种子出芽整齐。一般用 5 万单位的赤霉素 5 000～10 000 倍液浸种 8～10 小时，捞出种子后再进行催芽。

9. 茄子床土育苗应掌握哪些技术要点？

（1）配制育苗土　育苗土配方为：田土与有机肥的用量比为 5∶5。每立方米土中再混入 1 500 克左右的氮磷钾（15∶15∶15）三元复合肥、50%的多菌灵可湿性粉剂 150～200 克、40%

辛硫磷乳油 150~200 毫升，对育苗土进行灭菌消毒，预防苗期病虫害。

（2）播种　种子出芽后播种。播种前将苗床浇透水，水渗后撒播种子，播种后覆盖育苗土，播深 0.5 厘米左右。播种量为每平方米 4~5 克，可出苗 1 000 株左右。播种后覆盖地膜保温保湿。

（3）苗床管理　播种后苗床温度保持 25~30℃，5~6 天后开始出苗。当 80% 的幼芽出土后降低温度，白天 20~25℃，夜间 15℃ 左右，并适量通风，避免形成高脚苗。第一片真叶出现时，适当提高苗床温度，白天 25~27℃，夜间 16~18℃。并保持苗床充足的光照。

齐苗后开始间苗，疏掉过密、拥挤处的部分苗，使苗间保持一定的间距。另外，对出苗晚、畸形、戴帽苗等，也要从苗床中剔除。间苗后，向苗床适量喷水，使间苗带起的浮土沉实。

浇足底水后，分苗前，苗床一般不再浇水。

（4）分苗　幼苗长至 2~3 片真叶时，选晴暖天中午前后，将苗分到分苗床中，单株移植，适宜苗距 12 厘米左右，每平方米栽苗 70~100 株。

分苗床土的配方为：田土与有机肥的用量比为 6：4。每立方米土中再混入 2 000~2 500 克的氮磷钾（15：15：15）三元复合肥、50% 的多菌灵可湿性粉剂 150~200 克、40% 辛硫磷乳油 150~200 毫升，对育苗土进行灭菌消毒，预防苗期病虫害。分苗土中增加田土用量的目的，是避免日后起苗定植时苗坨散裂。

（5）分苗后管理　分苗后浇透水，用小拱棚将苗床扣盖严实，温度保持 25~30℃，白天光照过强时适当遮光。缓苗后，苗床白天适宜温度 25~32℃，夜温 15℃ 左右，进行大温差育苗，并保持充足的光照。要加强苗床通风管理，定植前一般不再浇水。定期前 1 周，用刀片将育苗土按苗切块，使土坨变硬，方便起垄和定植。

10. 茄子育苗钵育苗应掌握哪些技术要点？

茄子育苗钵育苗与床土育苗过程基本相同，主要区别在于分苗时，将苗子直接移栽到育苗钵中。

育苗钵育苗可以很好地保护茄子根系，使根系完整地移栽到生产田中。育苗钵可用纸钵，也可用塑料钵（图1-3）。

图1-3 塑料钵和纸钵

育苗钵的体积小，供肥能力差，要增加育苗土中的有机肥用量，一般田土与有机肥的比例以4:6为宜。分苗前1~2天把育苗钵中的土浇透水。分苗时将幼苗从播种床中起出，栽入育苗钵中，每钵一株苗。

分苗后的管理与育苗土育苗基本一致，只是育苗钵容易缺水，应加强水分管理，防止缺水干旱。

11. 茄子穴盘育苗应掌握哪些技术要点？

茄子穴盘育苗属于无土育苗方式，现专业育苗基地多采用无土育苗方式进行茄子育苗。茄子穴盘育苗关键技术如下。

（1）穴盘选择　主要根据育苗大小，来选择相应规格的穴盘。通常，育4～5叶苗选用128孔苗盘，育6叶以上苗选用72孔苗盘（图1-4）。

图1-4　育苗穴盘

（2）基质准备　茄子育苗用基质参考配方：草炭∶蛭石＝2∶1或草炭∶蛭石∶废菇料＝1∶1∶1，覆盖材料一律用蛭石。冬春季育苗时，每立方米基质中应加入氮磷钾（15∶15∶15）三元复合肥2.5千克，夏秋季育苗时，每立方米基质中加入氮磷钾（15∶15∶15）三元复合肥2.0千克。肥料与基质混拌均匀后备用。

（3）装盘、压盘　将配好的基质装在穴盘中，基质不要按压，尽量保持原有疏松状态。用刮板将多余的基质刮掉，使各个孔穴清晰可见。之后，用专用压穴器压出播种穴，或将装好基质的穴盘垂直码放在一起，4～5盘一摞，上面放1空穴盘，用力均匀下压，利用孔穴的底部，在下面各穴盘的穴孔中央压出一播种穴。

（4）播种　穴盘育苗一般采用机械播种，为提高播种效率，要用干种子直接播种，将种子播于穴孔的中央，每穴 1 粒种子，发芽率低的种可播 2 粒。播深 1.0 厘米左右。人工播种也可以用催出芽的种子播种，每穴 1 粒带芽的种子。

（5）温度管理　播种后将穴盘摆放于催芽室中，催芽期间白天温度 25℃，夜间温度 20℃。3～4 天后，当苗盘中 60％左右的种子出芽时，将苗盘转到育苗温室，此期白天温度 25℃左右，夜温 16～18℃。2 叶 1 心后，夜温可降至 13℃左右，但不要低 10℃。白天酌情通风，降低空气湿度。

（6）水分管理　播种后，将育苗盘喷透水，保证发芽期的水分供应。出苗后降低基质持水量，子叶展开至 2 叶 1 心，基质持水量保持 65％～70％；3 叶 1 心至商品苗销售期间，基质持水量保持 60％～65％。

（7）营养管理　一般 3 叶前不需要施肥。3 叶 1 心后，可用 0.5％的磷酸二铵溶液叶面喷施 1～2 次。

（8）光照管理　茄子较喜光，应尽量保持苗床充足的光照。

三、茄子露地栽培技术

12. 怎样确定露地茄子的定植期？

（1）苗子标准　适宜茄子定植的壮苗标准是：幼苗株高 18～20 厘米，6～7 片叶，门茄有 70％以上显蕾，茎粗壮，紫色，根系发达。

（2）气候标准　春季一般在当地断霜后，耕作层 10 厘米以内土壤温度稳定在 13～15℃以上时开始定植。定植过早，易受冻害或冷害。但为争取早熟，在不致受冻害的情况下应尽量早栽培。

三北高寒地区为一年一茬制，终霜后定植，降早霜时拉秧。华北地区多作露地春早熟栽培，露地夏茄子多在麦收后定植，早霜来临时拉秧。

13. 露地茄子定植应掌握哪些技术要领？

（1）整地做畦　定植前亩施腐熟农家肥 5 000～8 000 千克，氮磷钾（1∶1∶1）复合肥 100～150 千克，农家肥撒施，复合肥一半撒施，一半起垄时施于垄底。施肥后深翻地，将肥与土充分混拌均匀。

（2）晴暖天定植　适宜选择寒流刚过的回暖天定植，以保证幼苗定植后的 3～5 天内维持晴好天气，有助缓苗。定植当天应在 10～14 时高温期进行。

（3）暗水法定植　北方因春季干旱，常用暗水稳苗定植，即先开一条定植沟，在沟内浇水，待水尚未渗下时，将幼苗按预定的株距轻轻放入沟内，当水渗下后及时进行壅土培垄，并采用挖孔取苗法覆盖地膜。

（4）合理密植　适宜的种植密度为：行距 60～70 厘米、株距 35～45 厘米。早熟品种密度大一些，晚熟品种密度要小一些。

14. 露地茄子怎样进行肥水管理？

北方春季温度低，缓苗后浇一次缓苗水，之后到开花之前要控制浇水，地不干不浇水。门茄坐果后开始浇水，保持水分供应。结合浇水每亩沟施尿素 10～15 千克、硫酸钾 10 千克或冲施水溶性高氮复合肥 10～15 千克。门茄收获后，对茄和四面斗茄相继进入膨大期，应再施一次肥。

盛夏期间，茄子生长比较缓慢，一般不追肥，只进行浇水和排涝管理。入秋后，气候开始变凉，植株进入第二个结果高峰期，要及时追肥浇水，促叶保秧，防止早衰。至拔秧前一般追肥 2 次即可，追肥种类以氮肥为主。早春和晚秋浇水应安排在温度偏高的中午前后，夏季浇水应安排在凉爽的早晚进行。

15. 露地茄子怎样进行植株调整?

露地茄子越夏栽培一般选用中晚熟品种,植株生长势强,应及时整枝,并适当多留结果枝。生产上多应选用三干整枝法或四干整枝法整枝,以四干整枝法应用比较多。

整枝时,将门茄下发生的侧枝及早抹掉。对茄坐果后,保留对茄上部的三条枝干或四条枝干进行开花结果,其他侧枝及早摘除(图1-5)。

图1-5　茄子三干整枝

四、茄子保护地栽培管理技术

16. 茄子保护地栽培模式主要有哪些?

目前北方地区茄子保护地栽培模式主要有春季小拱棚早熟栽培、春季塑料大棚早熟栽培、塑料大棚春连秋全年栽培、秋冬温室高产栽培、冬春温室高产栽培等。其中,塑料小拱棚和塑料大棚栽培为早期的栽培模式，目前北方地区已较少应用，应用较多的为秋冬温室栽培和冬春温室栽培。秋冬温室栽培一般6~7月播种，8~9月定植；冬春温室栽培一般8月播种，9月定植。

17. 保护地茄子栽培对育苗有哪些要求？

温室茄子栽培一般夏季育苗，秋季定植栽培。具体育苗中应掌握以下要点。

（1）育苗钵育苗　用育苗钵育苗有利于减少苗期病害，同时定植后茄苗缓苗快，有利于培养健壮的植株，植株可及早进入结果期。

（2）嫁接育苗　保护地茄子栽培期长，黄萎病、线虫病等土壤传播病害发生严重，通常要求用嫁接苗进行定植栽培。嫁接育苗具体技术要求见嫁接栽培部分。

（3）防高温高湿　夏季茄子育苗播种后出苗前，为防止高温引起茄苗徒长，可在苗床上方加盖遮阳网、防虫网等，减少光照，避免温度过高。同时，苗床要勤通风，气温控制在25~30℃。雨天覆盖塑料薄膜防雨，避免苗床湿度过大，诱发苗期病害与茄苗徒长。

（4）早间苗　夏季育苗，茄苗生长快，容易发生拥挤，要及早间苗，一般长至1~2叶开始间苗，疏除病、弱苗和畸形苗，每钵内留一壮苗。

（5）苗龄大小适宜　适宜定植苗龄为4~5叶1心。

18. 保护地茄子定植应掌握哪些技术要领？

（1）施足底肥　定期前，结合翻地，每亩施腐熟鸡粪5~6米^3、复合肥100~150千克、硫酸锌和硼砂各0.5千克。基肥的2/3撒施于地面作底肥，结合土壤深翻使粪与土掺和均匀；其余的1/3整地时集中沟施于茄苗定植处。

（2）平畦定植　施肥后整平地面，做成南北向平畦，畦宽

1.2 米。在畦内开挖 2 条定植沟，沟距 40～50 厘米，沟深 15 厘米左右。

（3）阴天或晴天午后定植　晴天上午定植，要用遮阳网对温室进行遮光降温，防止温室内的温度偏高，引起茄苗萎蔫。

（4）足墒定植　按株距将茄苗排入定植沟内，壅土封沟固定好茄苗后，将栽培畦浇满水。

（5）大小苗要分区定植　为方便管理，要求茄子大小苗分区定植，一般大苗定植在温室南部，小苗定植在温室北部。

（6）合理密植　温室茄子一般按 40 厘米左右株距定植，每亩定植 2 500～3 000 株。

19. 保护地茄子怎样进行温度和光照管理？

定植后缓苗期期间，白天温度控制在 30℃左右，最高不超过 35℃；夜间温度 20℃左右。缓苗后加强通风，白天温度 20～30℃，夜间 15～20℃。冬季要加强保温措施，遭遇连阴天时，可通过多层覆盖、人工加温等措施，使最低温度保持在 10℃以上。

冬季光照不足时，茄子颜色浅，光亮也不足，品质差，价格低。可通过合理密植、植株调整、张挂反光幕、擦拭薄膜、及时摘叶、人工补光、延长见光时间等措施改善光照条件，提高果实品质。

20. 保护地茄子怎样进行肥水管理？

（1）起垄覆盖地膜　缓苗后地皮不黏时，开始中耕并培成单行小垄，垄高 10～15 厘米。两小垄盖一幅 100 厘米宽地膜，中间一浅沟用于冬季膜下灌溉和冲施肥，减少地面水分蒸发。

（2）浇水管理　定植后 4～5 天浇一次缓苗水，然后控水蹲苗，至坐果前一般不再浇水。当全田半数以上植株上的门茄坐果（瞪眼期）时，结束蹲苗，开始追肥浇水。之后一直保持土壤湿润，冬季一般 15 天左右浇一水，并且浇水量要少；春夏季节每 10 天左右浇一次水，每次的浇水量宜大，可大小垄沟同时浇水。高温期应在早晚浇水，低温期在晴天中午前后浇水。有条件的地方，建议进行滴灌。

浇水后以及连阴天要加强温室的通风管理，将空气相对湿度保持在 50%～60%。

（3）施肥管理　茄子坐果后，结合浇水，每亩冲施水溶性氮磷钾复合肥（20：10：20）或生物菌肥 15～20 千克，以后每半月左右追 1 次肥。结果盛期用 0.1%～0.3%磷酸二氢钾或茄子专用叶面肥进行叶面喷施 2～3 次，每 7 天左右一次。

21. 保护地茄子怎样进行植株调整？

保护地茄子栽培期比较长，同时茄子市场价格高，对果实的商品形状要求也比较严格，为提高商品果率，留枝不宜过多，一般进行双秆或三秆整枝。门茄坐果前将下部的侧枝及早抹掉，门茄以上发出的侧枝，保留 2～3 条粗壮的作为结果枝，其余的侧枝从基部 1 厘米以上部位及早打掉。

生长后期将老叶、黄叶、病叶及时摘除。

温室茄子植株比较高大，应采用吊绳牵引。一般每根结果枝用一根吊绳缠绕，向上牵引生长，同时还可使枝条均匀分布。

22. 保护地茄子怎样进行花果管理？

（1）保花保果　温室茄子栽培进入冬季后，由于温度低和光照不足原因，坐果率较低，容易落花落果，需要进行辅助授粉，常用技术有：①激素处理：开花期可用 40～50 毫克/升的番茄灵喷花朵中心。②熊蜂授粉：用防虫网密闭温室，然后释放熊蜂进行授粉，效果较好。

（2）疏花疏果　结果期要将畸形果、僵果、病果以及多余的花、染病的花等及早摘除，以减少营养消耗以及预防病害。

五、茄子嫁接栽培技术

23. 保护地茄子栽培为什么要求进行嫁接栽培？

保护地茄子栽培要求进行嫁接栽培主要有以下 2 个原因。

（1）防病　茄子属于受土壤传播病害危害严重的一类蔬菜，常见的土壤传播病害主要有茄子黄萎病、枯萎病等，以黄萎病的连作危害最为严重。茄子嫁接栽培是根据茄子黄萎病侵染专一性强的特点，用抗病的砧木根系替换栽培茄子的根系，使栽培茄子不接触土壤，从而达到防病的目的。

需要说明的是，嫁接栽培不能改变茄子的抗病性，如果没有配套的防病措施，嫁接茄子的黄萎病、枯萎病发病率仍然较高。

（2）增强茄子的耐低温能力，提高产量　茄子较喜温，温度低于 15℃时就开始生长不良，容易发生烂根以及落花落果等一系列问题，选用耐寒性强的砧木进行嫁接栽培，能够借助砧木的旺盛生长势，明显增强冬季茄子的生长势，提高茄子冬季的产量和质量。

嫁接茄子的结果期比较长，产量高，增产比较明显，特别是低温期保护地栽培茄子的增产效果较为显著，一般高者可增产 2 倍以上。

24. 茄子嫁接栽培对砧木有哪些要求？常用砧木有哪些？

（1）高抗茄子土壤传播病害　要求所用砧木对茄子黄萎病、枯萎病、根腐病等高抗或耐病，并且抗病性稳定，不因栽培季节以及环境条件变化而发生改变。就目前茄子的发病情况来看，高抗茄子黄萎病应是所选砧木必备的条件。

（2）与茄子的嫁接亲和力和共生力强而稳定　要求与茄子嫁接后，嫁接苗成活率不低于 80%，并且嫁接苗定植后生长稳定，不出现中途夭折现象。

（3）不改变果实的品质　要求所用砧木与茄子嫁接后不改变果实的形状，不出现畸形果，果实也不出现异味。

目前，国内所用的茄子砧木品种主要有野生茄、种间杂交茄和栽培茄3种类型，以前两种的抗病性较好，保护地栽培应用也较多。较优良的品种主要有：红茄（赤茄）、托巴姆、耐病VF、密特、刺茄（CRP）、柳砧1号等。

25. 茄子嫁接的方法主要有哪几种？

（1）劈接法　劈接法也称为切接法。该法是先将砧木苗去掉心叶和生长点，而后用刀片由苗茎的顶端把苗茎纵向劈一切口，把削好的苗穗插入并固定牢固后形成嫁接苗（图1-6）。根据砧木苗茎的劈口宽度不同，劈接法分为半劈接和全劈接两种。

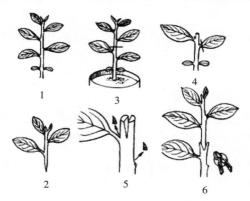

图1-6　茄子劈接过程示意图

1. 接穗苗　2. 接穗苗茎削切　3. 砧木苗茎去顶
4. 砧木苗茎去叶　5. 砧木苗茎劈口、去侧芽　6. 固定嫁接口

（2）靠接法　靠接法是将苗穗与砧木的苗茎靠在一起，两株苗通过苗茎上的切口互相咬合而形成一株嫁接苗的嫁接方法（图1-7）。根据嫁接时苗穗和砧木苗离地与否，靠接法分为砧木离

地靠接、砧木不离地靠接以及苗穗和砧木原地靠接 3 种形式；根据苗穗与砧木的接合位置不同，靠接法又分为顶端靠接和上部靠接两种形式。

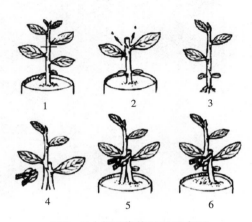

图 1-7　茄子靠接过程示意图

1. 砧木苗截短　2. 砧木苗茎去侧芽、削切接口　3. 接穗苗茎削切接口
4. 接口嵌合、接口固定　5. 栽苗　6. 切断接穗苗茎

（3）贴接法　贴接法也称为贴芽接法。该嫁接法是把蔬菜苗斜切去根部，只保留上部 2～3 片叶作为接穗；用刀片把砧木苗离地面 10～12 厘米处斜削一切面后，把苗穗的切面贴接到砧木的切面上，固定后形成嫁接苗（图 1-8）。

26. 茄子贴接法应掌握哪些技术要点？

（1）嫁接时间和场地要求　茄子嫁接最好安排在晴天，阴天嫁接成活率降低。另外，上午嫁接苗的成活率也往往高于下午的成活率。嫁接时保持嫁接场地内较高的空气湿度和弱光、密闭环境，嫁接场地内不能通风。

（2）嫁接用苗的大小要适宜　一般砧木长到 3～4 叶 1 心，接穗长到 2～3 叶 1 心时进行嫁接较为适宜。

图 1-8　茄子贴接过程示意图

1. 适合嫁接的茄子苗（左）与砧木苗（右）　2. 砧木苗截断并切斜面
3. 茄子苗去根并切斜面　4. 茄子苗与砧木苗的斜面贴紧并固定好

（3）苗茎的斜切位置要适宜　砧木苗要带根嫁接　嫁接时用刀片在砧木苗茎离地面 10～12 厘米高处斜削，去掉顶端，并形成 30°左右的斜面，斜面长 1.0～1.5 厘米。

从苗床中切取接穗地上苗茎部分，保留 2 片真叶，用刀片将苗茎下端削成与砧木相反的斜面（去掉下端），斜面大小与砧木的斜面一致。

（4）斜面固定要牢固　将砧木与接穗的斜面紧密贴合在一起，并用夹子固定牢固。

27. 怎样管理好茄子嫁接苗？

茄子插接苗穗容易失水萎蔫，对嫁接苗的管理要求比较严格。具体应掌握以下要点。

（1）温度管理　嫁接苗成活期间，要保持苗床适宜温度，防止温度过高或过低。一般嫁接后头 3 天的温度控制在 20～30℃，白天温度不超过 32℃，夜间温度不低于 20 ℃。温度过低时要采取保温和增温措施，温度偏高时要对苗床进行遮阴降温。

一周后，当嫁接苗开始明显生长时，白天温度保持 25～30℃，夜间温度控制在 12～15℃，对嫁接苗进行大温差管理，培育壮苗。

（2）放风和浇水管理　嫁接后头一周内应使苗床的空气湿度保持在 85%～95%，土壤要保持湿润。嫁接苗不发生萎蔫时，从第四天开始要对苗床进行适量的通风，使苗床内白天的空气湿度保持在 80% 左右，防止苗床内全天的空气湿度过高，引起苗茎和苗叶腐烂。嫁接苗成活后，加强通风，使苗床内白天的空气湿度保持在 70%～80%，减少发病。

嫁接苗成活期间要保持床土湿润，嫁接苗成活后要减少浇水，促根系生长，此期的适宜浇水量是经常保持苗土半干半湿。

（3）光照管理　茄子性较喜光，要保持苗床内充足的光照。通常除了嫁接后头 3 天内要用草苫对苗床进行遮阴，防止太阳直射光照射幼苗外，其他时间内都要尽量保持苗床内较长的光照时间和较充足的光照。

在具体管理上，一般从第四天开始就要让嫁接苗接受太阳直射光照。初期的见光时间要短，主要是在早、晚接受直射光照，以后逐渐过渡到全天不再遮阴，转为自然光照管理。在嫁接苗完全成活前的光照管理中，如果嫁接苗只是叶片微有萎蔫表现，可不需遮阴，如果叶柄也开始发生萎蔫时，就要立即对苗床进行遮阴。

（4）抹杈和断根　对砧木苗茎上长出的侧枝以及茄子苗茎上长出的不定根，要随发现随抹掉。

对茄子靠接苗，还要选阴天或晴天下午，用刀片将茄子苗茎从接口下切断，使茄子苗与砧木完全进行共生。断茎后的几天里，嫁接苗容易发生萎蔫和倒伏，要对苗床进行适当地遮阴，对发生倒伏的苗要及时用枝条或土块等支扶起来，一般一周后，便可恢复正常，转入正常的管理。

（5）其他管理 靠接苗和劈接苗、贴接苗上的嫁接夹，不要摘掉，留来保护接口，一般在苗子定植于大田并支架固定后再摘掉为宜。

28. 茄子嫁接苗定植应注意哪些事项？

（1）要浅栽苗 要求嫁接苗定植要浅，一般要求嫁接部位距离地面 3 厘米以上。浅栽苗的主要目的是使嫁接苗的嫁接部位远离地面，避免接穗上长出的不定根扎入地里，使嫁接失去意义。

（2）要起高垄（畦）栽培 要求将嫁接苗定植到高畦的畦顶或高垄的垄背上。

用高畦或高垄栽培嫁接茄子，一是有利于保持栽培畦面良好的通风和光照环境，保持畦面干燥，创造不利于茄子苗茎上产生不定根的环境；二是可以避免浇水时，水淹没茄子的嫁接部位，保持嫁接部位干燥；三是充分利用高畦、高垄土壤质地疏松，透气性好的优点，促进砧木根木的生长，发挥嫁接茄子增产潜力大的优势；四是用高畦、高垄栽培，也便于覆盖地膜，利用地膜将茄子苗穗与地面隔离开。

一般要求高畦的畦面高度或高垄的垄背高度不低于 10 厘米。

（3）要进行地膜覆盖 嫁接茄子苗定植后，要求用地膜将嫁接苗四周覆盖严实。

嫁接茄子进行地膜覆盖栽培的主要目的，一是能够保持嫁接苗附近的地面干燥，有利于防止茄子苗茎上产生不定根，确保嫁接栽培的效果；二是地膜覆盖后，能够避免浇水时泥水污染茎蔓，减少发病；三是地膜能够阻止茄子苗茎上的不定根扎入地里。

要求地膜覆盖的地面幅宽不小于 1 米。

29. 茄子嫁接栽培应掌握哪些技术要点？

（1）固定茎蔓　嫁接茄子的嫁接部位一般质地较脆硬，容易折断，所以，嫁接苗定植后应及早支架吊绳，将茎蔓固定住，避免风吹、人员进田管理以及苗茎过长弯曲等原因导致茄子嫁接部位折断、劈裂。

（2）加强整枝　嫁接茄子的生长势较自根茄子强，茎蔓粗壮，侧枝生长也旺盛。不仅容易造成单株株体过大，引起植株旺长，也容易推迟开花结果，影响早熟。所以，嫁接茄子要求早整枝、勤整枝。

（3）加强疏叶　嫁接茄子一般叶片较大，并且不容易发生脱落，容易造成田间茎叶幽闭，影响正常的通风透光。应根据田间的叶片发生和对环境的影响情况及时疏叶。一般每采收一批果实后，应及时把采收果下方的老叶片摘除。

（4）增施镁肥　嫁接茄子对镁的吸收能力往往不如自根茄子的强，生长后期容易引发缺镁症状，出现"叶枯病"。生产中，要结合施基肥，按每亩 40～50 千克的施肥量增施钙镁磷肥。

六、茄子采收与采后处理

30. 怎样确定茄子的采收期？

商品茄一般采收嫩果上市，茄子达到商品成熟度的标准是：果实生长发育充分，品种的果实特征表现明显，"茄眼睛"（果实萼片下面锯齿形浅色条带）消失，果实生长减慢。

采收过早，果实未充分发育，产量低，果皮薄，容易失水，也不耐储运；采收过晚，种皮坚硬，果皮老化，色泽变差，口感也不好，降低食用价值。

31. 茄子采收应掌握哪些技术要点？

（1）门茄宜提前采收，既可早上市，又可防止与上部果实争夺养分。雨季应及时采收，以减少病烂果。

（2）茄子采收应选择在早晨或傍晚，此时温度低，果实含水量高，色泽鲜艳商品性状好，产量也高。

（3）要用专用剪刀或采收刀保留一小段果柄后将果实采收，不要硬扭硬劈，以免撕裂枝条，对植株造成伤害。

（4）装箱外运的果实采收时，不带果柄或果柄要短，以免装运过程中互相刺伤果皮。

32. 茄子采收后主要有哪些处理？

（1）分级　分级标准为：

特级：同一品种，体形、色泽良好，幼嫩，无萎凋，无腐烂，无病虫害及其他伤害。

一级：同一品种，体形正常，色泽良好，基本幼嫩，无萎凋，无腐烂，无病虫害及其他伤害。

（2）贮存　为了延长秋茄子的供应期，达到堵缺增效之目的，在晚秋后，采用一些贮藏技术，对茄子果实可起到一定的保鲜效果。茄子的贮藏方式有气调贮藏、冷藏、通风贮藏、埋藏和贮藏室贮藏等。

采收的茄子宜尽快放入预冷库，将茄子预冷到9～12℃后再进行贮藏，贮温保持在10～14℃，空气相对湿度保持在90%～95%。

七、茄子病虫害防治

33. 茄子的主要病害有哪些？如何防治？

（1）褐纹病　叶片发病，先在下部叶片上出现圆形水浸状小斑点，后扩大为边缘褐色，中间灰白色，轮生许多小黑点的大斑。果实发病，表面产生深褐色椭圆形凹陷斑，布满同心轮纹状排列的小黑点，潮湿时病果腐烂，脱落或干腐。茎部发病，产生水浸状菱形凹陷病斑，其上散生小黑点，后期表皮开裂，露出木质部，易折断，病斑环绕一周植株枯死。

防治方法：实行轮作；合理密植，加强通风管理，保持田间良好的通风透气环境。发病初期，可选用10％己唑醇乳油1 500倍液，或10％苯醚甲环唑水分散剂1 500倍液，或25％咪鲜胺乳油800倍液，每7～10天喷1次，连喷2～3次。注意在采收前10～15天不要用药。

（2）早疫病　主要为害叶片和果实。前期产生圆形或近圆形病斑，边缘褐色，中部灰白色，有同心轮纹，湿度大时，病部长细的灰黑色霉状物；后期病斑中部脆裂，严重时病叶早脱落。茎部症状同叶片。果实发病，果面上产生褐色、圆形至不规则形、凹陷斑，湿度大时长出黑绿色霉层。

防治方法：进行3年以上轮作；合理密植，加强植株调整，保持田间良好的通风透光环境。发病初期，可选用75％肟菌·戊唑醇水分散粒剂2 000～3 500倍液，或80％代森锰锌可湿性粉剂600倍液，或75％百菌清可湿性粉剂600～800倍液，每7～10天喷1次，连喷2～3次。注意在采收前10～15天不要用药。

（3）绵疫病　主要为害果实，也为害叶、茎、花。成株期发病，初期出现水浸状、圆形、凹陷、黄褐色的轮纹病斑，病斑扩展非常迅速，最后使整个果实腐烂。潮湿时病斑上长出白色棉絮状物，果肉褐黑色，腐烂，易脱落或干瘪收缩成僵果。

防治方法：选用抗病品种；轮作2年以上；合理密植，保持田间良好的通风透光环境。发病初期，可选用70％代森锰锌可湿性粉剂500～600倍液，或72.2％霜霉威盐酸盐水剂800～1 000倍液，或60％氟吗·锰锌可湿性粉剂800倍液，每7～10天喷1次，连喷2～3次。注意在采收前10～15天不要用药。

（4）灰霉病　叶部发病，叶缘先形成水浸状大斑，后变褐色，形成近圆形至不规则形或 V 形浅黄色轮纹病斑，病斑上密布灰色霉层；严重时病斑连片，致整叶干枯。茎、叶柄染病，产生褐色病斑，湿度大时长出灰霉。果实染病，幼果果蒂周围局部产生水浸状褐色病斑，扩大成暗褐色，凹陷腐烂，表面产生不规则轮纹状灰色霉状物。

防治方法：选用耐低温耐弱光茄子品种；做好大棚、温室内的温湿度调控，即上午尽量保持较高温度，使棚顶露水雾化，下午适当延长放风时间，降低棚内湿度，夜间适当提高温度减少或避免叶面结露；及时摘除病果、病叶，携出棚外深埋。发病初期，可选用 50％异菌脲可湿性粉剂 800 倍液，或 25％嘧菌酯悬浮剂 1 500 倍液，或 40％嘧霉胺悬浮剂 1 200 倍液，每 7～10 天喷 1 次，连喷 2～3 次。注意在采收前 10～15 天不要用药。

34. 茄子的主要虫害有哪些？如何防治？

（1）红蜘蛛　主要以成虫和若虫群集叶背吸食汁液，叶面出现黄白色小点，严重时致叶片变黄焦枯，呈锈色状如火烧，叶片早衰、易脱落。茄子保护地栽培比露地栽培受害严重。

防治方法：清洁田园，降低虫口基数；适时适度浇水；点片发生阶段，选 20％双甲脒乳油 1 500～2 000 倍液，或 75％克螨特乳油 1 000～1 500 倍液，交替喷施 2～3 次，隔 7～10 天 1 次。注意在采收前 10～15 天不要用药。

（2）二十八星瓢虫　主要以成虫和若虫在叶背面剥食叶肉，形成许多独特的不规则的半透明细凹纹，有时也会将叶吃成空洞或仅留叶脉，严重时整株死亡。被害果实常开裂，内部组织僵硬且有苦味，产量和品质下降。

防治方法：消灭植株残体、杂草等处的越冬虫源；虫害发生初期，选用 2.5％溴氰菊酯乳油 1 500～2 500 倍液，或 20％甲氰菊酯乳油 1 000～2 000 倍液，对水喷雾，视虫情隔 7～10 天喷 1 次。注意在采收前 10～15 天不要用药。

第二章　黄瓜生产技术

一、认识黄瓜

35. 黄瓜对栽培环境有哪些要求？

（1）喜温怕寒，耐热能力不强　黄瓜结瓜期的适宜温度，白天28～30℃，夜间15～20℃。温度低于10℃，植株的生理活动失调，生长缓慢或停止；低于5℃，难以适应，持续的时间过长，植株将枯死；遇0℃以下的低温，随即冻死。当温度高于32℃后，植株生长开始不良，温度超过35℃，并且持续时间较长时，植株将迅速衰败。北方一年中，适合黄瓜露地栽培的时间比较短，为获得早熟高产，一般需要进行育苗栽培。

（2）喜光耐阴　黄瓜的光补偿点为1 000勒克斯，饱和点为55 000～60 000勒克斯，耐弱光能力比较强。最适宜的光照强度为30 000～50 000勒克斯，日照时数要求11小时以上。光照不足，植株生长弱、叶黄、色浅，茎干细弱，容易"化瓜"并形成畸形瓜。

（3）喜湿不耐旱　黄瓜根系入土较浅，但叶多叶大，产量高，需水量大，因此不耐干旱，结果期适宜的空气湿度为白天80％左右，夜间90％左右，适宜的土壤湿度为80％左右。黄瓜根系也不耐涝，特别是低温期，如果土壤湿度长时间过高，容易导致烂根。

（4）喜肥不耐肥　黄瓜植株体形较大，产量又高，需肥多，比较喜肥，一般每生产100千克的瓜，约需要氮280克、磷90

克、钾 990 克。黄瓜根系的耐盐能力较弱，一次施肥过多，容易发生烧根，生产上需要进行"少量多次"施肥。

黄瓜对土壤的适应能力比较强，较适合于富含有机质、保水保肥能力强的肥沃壤土，适宜的 pH 为 5.5～7.2。

36. 黄瓜植株有哪些特点？对生产有哪些指导作用？

（1）黄瓜根系不发达，入土浅，主要根群分布在 0～20 厘米的土层内，吸收能力弱，应加强肥水供应。苗期根系的再生能力较强，适合育苗栽培。根颈上易生不定根，并且不定根生长较快，适合培土栽培。

（2）黄瓜茎蔓生，中空，容易折断，需要支架栽培。温室高产栽培中，当茎蔓爬到架顶后，需要进行落蔓，把结果部位放低。茎蔓上容易发生分枝，生产上应根据所栽培的品种特性以及栽培形式等，对植株进行整枝、摘心、打叉等处理。以主蔓结果为主的品种，应及早摘除侧枝；而以侧蔓结果为主的品种，则应及早对主蔓摘心，促侧枝生长。

（3）黄瓜叶片大而薄，叶柄中空易折断，需要保护。生长健壮植株的叶片一般表现为叶厚、色深、有光泽、刺毛较硬，而不健壮植株的叶片一般叶薄、色浅、光泽不明显、刺毛发软。黄瓜叶片的光合作用强度，以展开后第 20～30 天为最强，40 天后功能衰弱，应及早摘除。

（4）黄瓜花为单性花，多数品种的雌花具有单性结实能力，低温期不需要人工辅助授粉也能坐果，长成无籽果实。繁殖种子时，需要进行人工授粉，或释放熊蜂授粉。雄花较小，簇生且数量多，消耗营养，也容易感染病菌，诱发病害等，应及早摘除。

（5）黄瓜果实棒状，依品种不同有长棒状和短棒状之分。嫩瓜表皮多为绿色，少数品种为白色和黄色。有的品种果面上生有条棱和刺，有的只有刺而无棱。应根据当地的消费习惯选择适合当地的优良品种进行栽培。

（6）黄瓜种子扁平，长椭圆形，有效使用时间为 3 年。黄瓜种子有后熟作用，通常以第二年的种子栽培效果最好。

37. 黄瓜栽培品种主要有哪些类型？

（1）常规黄瓜品种　依据结果时间早晚，分为早熟、中熟和晚熟 3 个品种类型。

①早熟品种。第一雌花一般出现在主蔓的第 3～4 节处，雌花密度大，节成性强，几乎节节有雌花。一般播种后 55～60 天开始收获。该类品种的耐低温和弱光能力以及雌花的单性结实能力均比较强，适合于露地早熟栽培及设施栽培。优良品种有津优 35 号、津优 30 号、津优 3 号、津绿 3 号等。

②中熟品种。第一雌花一般出现在主蔓的第 5～6 节处，雌花密度中等，一般播种后 60 天左右开始收获。该类品种的耐热、耐寒能力中等，露地和设施栽培均可，多用于露地栽培。优良品种有津杂 4 号、农大 12 号、津春 4 号、中农 8 号、津绿 4 号等。

③晚熟品种。第一雌花一般出现在主蔓的第 7～8 节处，雌花密度小，空节多，一般每 3～4 节出现一雌花。通常播种后 65 天左右开始收获。该类品种的生长势比较强，较耐高温，瓜大，产量高，主要用于露地高产栽培以及塑料大棚越夏高产栽培。优良品种有中农 10 号、京旭 2 号、津研 7 号等。

（2）水果黄瓜品种　水果型黄瓜也称微型黄瓜、迷你黄瓜，瓜长 15 厘米左右，直径约 3 厘米，表面光滑，外观小巧秀美，而且口味甘甜，主要用来生食和作馈赠礼品，深受人们喜爱，市场前景广阔。主要品种有玛雅 3 966、康德、戴多星等。

38. 黄瓜优良品种主要有哪些？

（1）津绿 30 号　日光温室越冬品种，抗低温弱光性极强，生长周期长，瓜条顺直，商品性好，瓜长 35 厘米，重 220 克左右，即使在严冬季节，长度也在 25 厘米以上。畸形瓜少，商品性好。果肉淡绿色、质脆、味甜、品质优。具有生长势旺盛、早熟、高产等优良性状,适合在华北、华北、西北等地区越冬温室栽培。

(2)津优35号 植株生长势较强,叶片中等大小,以主蔓结瓜为主,瓜码密,第1雌花节位4节,回头瓜多,单性结实能力强,化瓜率低于10%。瓜条生长速度快,早熟性好,抗霜霉病、白粉病、枯萎病、病毒病,耐低温弱光,同时具有良好的耐热性能。瓜条顺直,皮色深绿、光泽度好,瓜把儿小于瓜长1/8,心腔小于瓜横径1/2,刺密、无棱、瘤中等,腰瓜长32~34厘米,畸形瓜率小于5%,单瓜重200克左右,质脆味甜,品质好,商品性极佳。适宜日光温室越冬茬及早春茬栽培。

(3)德瑞特B79 植株长势强,植株紧凑,龙头大,下瓜早,膨瓜速度快,结瓜能力强,叶片中等,叶色黑绿,节间稳定适中,瓜码密,返头能力强,抗病能力强。瓜条长36~37厘米,顺直、整齐、油亮、颜色均匀、密刺,短把儿,瓜条性状稳定,下瓜快,总产量高(前中期产量尤为突出)。适合秋延茬和苦瓜茬栽培,在8月初到10月中旬定植。

(4)中农8号 植株长势强,主侧蔓结瓜,第一雌花着生在主蔓4~6节,以后每隔3~5节出现一雌花。瓜长25~30厘米,瓜色深绿均匀一致,富有光泽,果面无黄色条纹,瓜把儿短,心腔小,瘤小,刺密,白刺,品质佳。平均亩产量5 263千克,高产者达7 500千克以上,抗病性强。适合北方春露地及秋棚延后栽培。

(5)中农10号 主侧蔓结瓜,瓜码密,瓜深绿色、略有花纹,瓜长25~30厘米,瓜粗3厘米,瓜把儿极短,刺瘤密,白刺、无棱,单果重150~200克。分枝性强,耐热,夏秋高温长日照条件下表现为强雌性;较抗霜霉病、白粉病、枯萎病。

(6)玛雅3 966 该品种属荷兰杂交一代品种,四季均可栽培,高抗病、植株生长旺盛、有侧蔓,瓜条顺直、长15厘米左右，单果重约 150 克，果肉厚、内腔室小、无刺光滑、果色碧绿、脆甜可口，适合冬春大棚保护地及夏秋露地栽培，亩产高达15 000 千克。

（7）巴弗特　由荷兰引进的耐寒水果型黄瓜品种。植株生长势强健，抗病性强，耐枯萎病、霜霉病、白粉病。植株全雌花，节节有瓜，每节结瓜 2 个以上，瓜长 12～14 厘米，瓜身光滑无刺，味甜质脆，清香可口，品质极佳，适宜鲜食。亩产4 500 千克以上，经济效益高。保护地专用品种，适宜温室及春棚栽培。

（8）小白龙　该品种是荷兰（Nick－Zai）公司新近育成的杂交一代白色水果型黄瓜品种，植株生长旺盛，瓜为长圆筒形，果长 16 厘米左右，乳白色，有光泽，品质好，肉质细嫩，黄瓜原味很浓。抗霜霉病，耐寒，抗热，耐贮运，保护地专用品种，适宜温室及春棚栽培。亩植 2 800 棵左右。

（9）富农 1 号　该品种由以色列引进。长势旺盛，瓜条顺直，以主蔓结瓜为主，瓜码密，瓜条生长速度快。瓜长 33～38厘米，瓜深绿色，密刺瘤，单瓜重 220g 左右，瓜把儿短，品质佳。耐寒能力强，抗黑星病、枯萎病、霜霉病，该品种适于春、秋、冬保护地栽培，亩产 30 吨左右。

（10）富阳 F1－35　该品种由荷兰引进。植株生长势强，主蔓结瓜为主，叶片小，叶色绿。瓜条顺直，瓜把儿短，瓜肉绿色，头丰圆无黄线，瓜长 35～38 厘米，耐低温，耐弱光，不歇秧，后期不早衰，亩产可达 20 吨左右，是越冬温室及早春大棚换代品种。

39. 怎样选择黄瓜品种？

选择黄瓜品种一般应从以下几个方面进行考虑。

（1）根据栽培模式选择品种　要求所选用的黄瓜品种与所选的栽培模式相适应。一般来讲，以早熟为主要目的时，应优先选用早熟品种，高产栽培应选择生产期较长的中晚熟品种；露地栽培应选用耐热、耐干旱、适应性强的品种；冬春季保护地栽培应选用早熟、瓜码密、连续结瓜能力强，耐寒、耐弱光、耐潮湿、抗病能力强的品种。

（2）根据当地的消费习惯和外销地的消费习惯选择品种　要求所选用的黄瓜品种在果实的形状、颜色等方面适合消费习惯。一般来讲，北方地区比较喜欢大刺黄瓜，沿海和南方地区则多喜欢不带刺黄瓜。

（3）根据当地黄瓜病虫害的发生情况选择品种　一般来讲，露地栽培黄瓜必须选用抗枯萎病、白粉病以及角斑病的品种；冬春季保护地内栽培黄瓜则要求所用品种对黄瓜霜霉病、灰霉病、白粉病、角斑病等主要病害具有较强的抗性或耐性。

二、黄瓜育苗技术

40. 黄瓜的育苗方式主要有哪些？

（1）温室育苗　温室的保温效果好，冬季温室内的温度较高，易于培育出适龄壮苗，是低温期主要的育苗方式，主要用来培育塑料大棚和日光温室栽培育苗。

（2）塑料大棚育苗　塑料大棚的空间大，易于进行多层覆盖，适合黄瓜育苗。除专业的育苗大棚外，一些农户还利用小拱棚、地膜、草苫等多层保护措施，在大棚内提早育苗。

（3）小拱棚育苗　小拱棚的空间较小，保温能力差，温度低，环境分布差异也比较大，育苗较晚，育苗期也比较长，单独育苗效果较差，多与其他大型育苗设施结合进行。

41. 黄瓜生产对种子质量有哪些要求？

在生产中，对黄瓜种子的质量要求是：品种纯度不低于95%，品种净度不低于99%，种子发芽率不低于90%，种子含水量不高 8％。

42. 黄瓜播种前应对种子做哪些处理？

（1）选种 选择 2 年内的种子。播种前，剔除瘪籽、破碎籽及杂质等。

（2）消毒 黄瓜种子容易携带枯萎病、炭疽病、立枯病、角斑病等病原菌，催芽前应对黄瓜种子进行表面消毒。主要方法有以下两种。

①温汤浸种。将干种子投入 55～60℃温水中处理 12～15 分钟，处理过程要不断搅拌，之后再降温到 28℃左右浸种 6 小时，淘洗干净后进行催芽。

②药剂消毒法。用 50％多菌灵可湿性粉剂 500 倍液，或 1 000 倍高锰酸钾液浸种 1 小时，用清水冲洗后，再用温水浸种 4 小时，然后进行种子催芽。

（3）浸种催芽 浸种是将干种子或消毒后的种子浸泡于 25～30℃的温水中，水量是种子量的 4～5 倍，浸泡 4～6 小时。

催芽是将浸泡后的种子捞出，用清水清洗一遍，沥去水分后，用布包好，置于 25～30℃、弱光或黑暗环境下催芽。催芽过程中要常翻动种子，使种子承受温度均匀。经 24 小时左右便开始出芽，种子露出根尖时，温度可适当降低，维持 22～26℃，经两天左右可以出齐。

43. 黄瓜育苗钵育苗应掌握哪些技术要点？

（1）配制营养土 选择肥沃田土、充分腐熟的有机肥，肥与土各占 50％。为保证育苗土内有足够的速效营养，每方土内混入磷酸二铵、硫酸钾各 0.5～1 千克，或混入氮磷钾（15∶15∶15）三元复合肥 2 千克左右。为预防苗期病虫害，每方土中还应混入 50％多菌灵可湿性粉剂 100～150 克和 50％辛硫磷乳油 100～150 毫升。

把上述的肥、土、农药充分混拌均匀后，用农膜覆盖，堆置一周后，装入营养钵、纸袋或塑料筒中待播种。

（2）播种　浇足底水，点播，每个育苗钵播种一粒催出芽的种子，种子要平放，播后覆土1.5厘米左右。每亩用种量100～150克。

（3）苗床管理　播种后覆盖地膜，保温保湿。出苗前温度宜高，温度保持25～30℃。当70%以上幼苗出土后，撤除薄膜，适当降温，把白天和夜间的温度分别降低3～5℃，防止幼苗的下胚轴生长过旺，形成高脚苗；第一片真叶展出后，白天保持温度25℃左右、夜间温度15℃左右，使昼夜温差达到10℃以上，促幼苗健壮，提高花芽分化质量；定植前7～10天，逐渐降低温度，进行炼苗，白天温度下降到15～20℃，夜间温度5～10℃。

育苗钵育苗容易发生缺水干旱，要视具体情况适量浇水，保证水分供应。

对"戴帽"出土的苗，要在幼苗刚出土、种壳尚未变硬前，轻轻摘除。已经变硬的种壳，要用喷壶喷湿变软后，再轻轻摘除。

培育早春露地用苗，应在定植前3～5天夜间无霜冻时，全天不覆盖或少覆盖，进行全天露天育苗，也即"吃几夜露水"，以增强幼苗对低温的适应能力。

夏季育苗期间夜温高，日照时间长，不利于雌花分化。通常当幼苗长至1叶1心大小时，叶面喷洒一次120毫升/升浓度的乙烯利溶液，一周后再重复一次。

44. 黄瓜穴盘育苗应掌握哪些技术要点？

（1）播种期确定　一般，高温季节育苗需要15天左右，低温季节育苗需要25天左右。从预定的定植时间向前推算育苗需要的天数就是播种期。

（2）穴盘选择 黄瓜穴盘育苗一般用 72 孔的黑色或灰色标准穴盘。

（3）播种、催芽 播种前先将基质装入穴盘。基质装盘后要刮平、压穴，并使用 72 孔穴盘专用的压穴器压出播种穴，压穴深度为 1～1.2 厘米。

每穴孔播 1 粒种子，种子平放，覆盖珍珠岩或蛭石，刮平。播种后，浇水湿透，以穴盘底部基质有水渗出为宜。

将所有穴盘码放在催芽车上，放入催芽室或温室中进行催芽。催芽期间温度白天 27～32℃，夜间 17～20℃。当种子开始拱土时，温度平均降低 2～3℃，以防发生徒长。催芽过程中需严格注意环境湿度，及时补充水分，保持四壁和地面湿润。当发现有苗拱出时，及时将育苗盘放到苗床上培养。

对于发芽率不高或发芽不齐的种子，可以先集中催芽再播种，播种后继续催芽直至拱土。

（4）苗床管理

①温度管理。出苗后 3～5 天，白天温度 24～27℃，夜间温度 12℃左右。幼苗 1～2 叶期，白天温度 27～30℃，夜间 14～16℃。定植前 5 天，夜温降到 10～12℃进行低温炼苗。

②肥水管理。黄瓜苗期应经常保持基质湿润，基质相对含水量保持在 60％以上。根据秧苗大小和天气情况一般 3 天或 4 天浇 1 次大水，中间每天浇小水或不浇水。

第一次施肥以 2 000 倍的钙镁含量高的复合化肥为主，含钙高的肥料可以促进幼苗根系的生长，并可有效防止徒长。以后改用氮磷钾平衡肥，每天早上施用，间或施用高磷肥。

③株型控制。黄瓜子叶展平并稍微扩大时，立即用 3～5 毫克/千克多效唑水溶液或 50％矮壮素水剂 1 000 倍液喷雾控旺，每穴盘的用药量掌握在 8 毫升左右。

高温季节以及光照弱时用量大一些，尤其是夏季连续阴天时要重用，低温季节以及光照强时用量少一些。

45. 黄瓜嫁接育苗应掌握哪些技术要点？

黄瓜嫁接育苗常用方法为靠接法和插接法，以插接法为例介绍黄瓜嫁接育苗的技术要点。

（1）砧木选择　目前多选用白籽南瓜，也可选用黑籽南瓜。

（2）培育嫁接用苗　一般，南瓜播种 3～5 天后，再播种黄瓜。黄瓜采取密集播种法，南瓜播种于育苗钵或育苗盘中。

当黄瓜苗两片子叶展开，心叶尚未露出或刚刚露尖；南瓜苗两片子叶充分展开，第一片真叶初展或约展至伍分硬币大小时进行嫁接。

（3）嫁接　将南瓜苗从苗床中带钵取出，挑去瓜苗的真叶和生长点，然后用竹签在苗茎的顶端紧贴一子叶，沿子叶连线的方向，与水平面呈 45°左右夹角，向另一子叶的下方斜插一孔，插孔长 0.8～1 厘米，插孔深度以竹签顶尖刚好顶到苗茎的表皮（不要刺破）为适宜；取黄瓜苗，用刀片在子叶生长方向垂直一侧、距子叶 0.5 厘米以内远处，斜削一刀，把苗茎削成单斜苗形；把黄瓜苗茎切面向下插入南瓜苗茎的插孔内。黄瓜苗茎要插到插孔的最底部，使插孔底部不留空隙。插接好后随即把嫁接苗放入苗床内，并对苗钵进行点浇水，同时将苗床用小拱棚扣盖严实保湿。黄瓜插接过程见图 2-1。

（4）嫁接后管理

①温度管理。嫁接后的 8～10 天，苗床白天温度 25～30℃，夜间温度 20℃左右，白天最高温度不要超过 35℃，夜间最低温度不要低于 15℃。嫁接苗成活后到定植前可按照黄瓜常规育苗法的要求进行温度管理。适宜的温度范围是：白天温度 20～32℃，以 25℃左右为最适宜；夜间温度 12～18℃，以 15℃左右为最适宜。

②湿度管理。嫁接后，保持苗床内的空气湿度 90％以上。3 天后适量放风，降低空气湿度。嫁接苗成活后，撤掉小拱

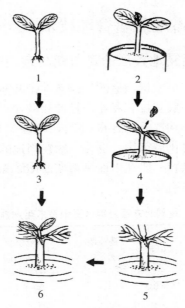

图 2-1　黄瓜插接过程示意

1. 适合插接的黄瓜苗　2. 适合插接的砧木苗　3. 黄瓜苗茎削切

4. 砧木苗去心　5. 砧木苗插孔　6. 接口嵌合

棚。晴天中午前后瓜苗发生萎蔫时，可只用草苫遮阴降温。

③光照管理。嫁接当日以及嫁接后头 3 天内，用草苫或遮阳网把嫁接场所和苗床遮成花荫，从第四天开始，于每天的早、晚让苗床接受短时间的太阳直射光照，并随着嫁接苗的成活生长，逐天延长光照的时间。嫁接苗完全成活后，撤掉遮阴物，进行自然光照下育苗。

④抹杈和抹根。南瓜砧在去掉心叶后，其子叶节处的腋芽能够萌发长出侧枝，会与黄瓜苗争夺养分，因此要随长出随抹掉。另外，在湿润、弱光环境下，嫁接苗的黄瓜苗茎上也容易产生不定根，要在不定根扎入土壤前及时抹掉。

三、黄瓜露地栽培管理技术

46. 怎样确定露地黄瓜的育苗期与定植期？

露地黄瓜栽培可根据当地的气候条件排开播种，以满足市场需求。北方地区一般安排有春茬、夏茬和秋茬 3 个茬口。春茬一般在晚霜后，日平均气温稳定在 15℃，10 厘米地温稳定在 12℃以上时定植，盛夏供应市场；夏茬一般在当地的夏季播种，主要供应期为秋季；秋茬一般在当地早霜期前 100 天左右播种，主要供应当地秋淡季（表 2-1）。

表 2-1　我国北方部分地区露地黄瓜生产茬口安排

地区	茬口	播种期 （月/旬）	定植期 （月/旬）	收获期 （月/旬）
哈尔滨、呼和浩特	春茬	4/上、下	6/上、下	6/下至 8/上
沈阳、太原、 乌鲁木齐	春茬 秋茬	3/下至 4/上 6/中至 7/上	5/中、下 直播	6/上至 7/中 8/上至 9/上
北京、济南、 郑州、西安	春茬 秋茬	3/上至 4/上 6/中至 7/下	4/下至 5/中 直播	5/中至 7/中 7/下至 9/下

47. 露地黄瓜定植应掌握哪些技术要领？

（1）整地施肥　前茬作物收获后及时清园。每亩施入充分腐熟的优质农家肥 5 000 千克或土杂肥 7 500 千克、腐熟鸡粪 3～4 米³、磷酸二铵 50～80 千克、硫酸钾 30 千克。肥料的 2/3 地面普施，剩余的 1/3 集中施于定植沟内。地面普施肥后深翻 25～30 厘米，精细整地。

地面整平后，按 40～50 厘米和 70～80 厘米大小行距做成高垄，垄高 12～15 厘米。

（2）选晴暖天定植　适宜选择寒流刚过的回暖天定植，以保证幼苗定植后的 3～5 天内维持晴好天气，有助缓苗。定植当天应在 10～14 时高温期进行。

（3）暗水定植　春季温度低，不宜浇大水，应采取水稳苗法或坐水法定植，定植深度与原苗土齐平即可。

水稳苗法：开沟或挖穴栽苗后，先少量覆土并适当压紧固定住苗，然后浇水，等水渗下后再覆土封穴。水稳苗法土坨不易被水泡散，护根效果好，但工效较低。

坐水法：按株距挖穴或开沟，将穴内或沟内浇满水，当水渗到一定程度时，将瓜苗土坨大部分坐入泥水中，水渗后覆土。坐水法定植速度快，工效高，但土坨容易被水泡散，护根效果较差。坐水法定植应把握好放苗时机，放苗过早，土坨被水浸泡时间过长，容易开散；但放苗过晚，土坨吸水不足，也不利于缓苗生长。

（4）定植后覆盖地膜　早春栽培宜选用无色透明地膜，并在做畦前造足底墒；夏季栽培应选用黑色地膜覆盖，能起到防暴雨冲刷、保墒和防杂草等作用。

（5）合理密植　一般采取大、小行栽培，平均行距 60 厘米左右，株距 25～28 厘米。

（6）定植时，选健壮瓜苗定植，淘汰病苗、虫苗、弱苗等。尽量不伤根。为方便管理，大小苗要分开定植。

48. 露地黄瓜怎样进行肥水管理？

定植 4～5 天后浇缓苗水，之后中耕，适当蹲苗。根瓜坐住后进入结果期，伴随气温升高，要逐渐加强追肥浇水，结合浇水每亩冲施水溶性复合肥或生物菌肥、黄瓜专用冲施肥 10～15 千克，盛瓜期 3～5 天浇 1 次水，一般 1 次清水 1 次肥水。结瓜后期减少肥水供应。

49. 露地黄瓜怎样进行植株调整？

（1）搭架、绑蔓　黄瓜开始抽蔓后搭架，多用人字形架，架高 1.7～2.0 米，每株 1 杆，插在离瓜秧 8～10 厘米处。插架要牢固、位置要适当。上架后每隔 3～4 叶绑蔓 1 次，绑在瓜下 1～2 叶处，多采用弯曲绑蔓法，以缩短植株高度，提高坐瓜率。

绑蔓要松紧适度，生长势强的瓜蔓要适当绑紧一些，弯曲程度大一些。绑蔓后尽量使全田瓜秧顶部处在同一高度，以利于田间的通风透光。绑蔓宜在下午瓜蔓含水量偏低、韧性较强时进行，以减少对茎蔓和叶片的伤害。

（2）整枝、摘心　主蔓结瓜前，及时摘除下部侧枝，中上部侧枝见瓜后，在瓜前留 1～2 叶摘心。主蔓长满架顶后摘心。及时去除基部老叶、黄叶、病叶，并结合绑蔓和缠蔓，顺手除去卷须和雄花，减少营养消耗。

（3）疏花疏果　雌花过多的植株要疏去部分幼花和幼果，一株上同时留一条即将采收的大瓜和一条半成品瓜，间隔 1～2 节留一个雌花，过多的雌花全部疏去。

四、黄瓜保护地栽培管理技术

50. 黄瓜保护地栽培形式主要有哪些？

北方黄瓜保护地栽培形式主要有塑料大棚栽培和日光温室栽培两种。

塑料大棚黄瓜栽培茬次主要分春茬和秋茬两个，以春茬栽培效果较好，秋茬栽培时间较短，产量偏低，多用于加茬栽培。

北方日光温室黄瓜基本上可以进行全年栽培，栽培茬口也比较多。主要有秋冬茬、冬春茬、春茬和夏秋茬，以秋冬茬和冬春茬栽培效果较好，茬口应用也较为普遍。

51. 怎样确定保护地黄瓜的育苗期与定植期？

塑料大棚春茬栽培一般在当地晚霜结束前 30～40 天定植，定植后 35 天左右开始采收，供应期 2 个月左右；秋茬一般在当地初霜期前 60～70 天播种育苗或直播，从播种到采收 55 天左右，采收期 40～50 天。由此可以确定各地适宜的播种期和定植期（表 2-2）。

表 2-2　我国北方地区大棚黄瓜生产茬口安排

茬口	播种期 （月/旬）	定植期 （月/旬）	收获期 （月/旬）	备　注
春茬	2/上至 3/上	3/上至 4/上	4～7	嫁接或不嫁接
秋茬	6～7	直播	8～10	不嫁接、夏季防雨、遮阳

温室黄瓜的栽培时间主要受当地黄瓜的市场销售价格、气候等因素影响，各茬口的参考育苗期与定植期见表 2-3。

表 2-3　我国北方地区日光温室黄瓜生产茬口安排

茬口	播种期 （月/旬）	定植期 （月/旬）	收获期 （月/旬）	备　注
秋冬茬	7/上至 8/上	直播	10 至翌年 1	不嫁接
冬春茬	9/下至 10/上	10/中至 11/中	12 至翌年 4	嫁接栽培
春　茬	12/下至翌年 1/下	2/上至 3/上	3～6	嫁接或不嫁接
夏秋茬	4/下至 5/上	直播	7～10	不嫁接、夏季防雨、遮阳

52. 保护地黄瓜定植应掌握哪些技术要领？

（1）塑料大棚栽培　春茬定植前 15～20 天扣棚，当棚内 10 厘米地温稳定在 12℃以上时即可定植。定植前每亩施腐熟圈粪 5～6 米³ 或腐熟鸡粪 3～4 米³，磷酸二氢铵 100 千克或腐熟饼肥

200千克。肥料的2/3地面普施，剩余的1/3集中施于定植沟内。地面普施肥后深翻25～30厘米。地面整平后，做成高畦或垄畦，高度15～20厘米。

春季栽培采用暗水栽苗法，秋季用明水法定植。每亩定植4 500～5 000株。春茬黄瓜定植后用地膜进行地面覆盖。

（2）日光温室栽培　冬春茬要一次施足基肥，并以有机肥为主。结合深耕一般每亩施入优质厩肥8米³左右或纯鸡粪（蛋鸡粪）5米³左右，饼肥100～200千克，氮磷钾三元（15：15：15）复合肥100千克，硫酸锌1～2千克，硼砂0.5千克。整地前肥料的2/3地面普施，剩余的1/3集中施于定植沟内。施肥后深翻25～30厘米。

整平地面后起垄。采用南北向垄畦、大小行栽培，大行距70～80厘米，小行距40～50厘米，垄高15厘米左右。

选晴天定植。在垄上开沟，株距25～28厘米，前密后稀，中间平均。按株距摆苗，把苗坨埋上一部分土固定住苗，再将定植沟内浇足水，水渗下后培垄，小行中间形成暗灌水沟。定植后用地膜将相邻两个垄与小垄沟一起覆盖严实，即"一膜双垄"覆盖（图2-2）。

图2-2　温室黄瓜"一膜双垄"覆盖

53. 保护地黄瓜怎样进行温度和光照管理？

（1）温度管理　定植后密闭温室、大棚保温，白天温度控制在 35～38℃，夜间 20℃以上；缓苗后加强通风，白天保持在 28～32℃，夜间 15℃以上。结瓜期上午温度 25～35℃，超过 35℃放风；下午温度 20～22℃，降到 20℃时盖苫。前半夜温度维持在 18～15℃，后半夜 15～12℃，早晨揭苫前不低于8～10℃。

（2）光照管理　晴天及早揭苫（保温被）见光，阴天可适当晚揭早盖；采用地膜覆盖、张挂反光幕、人工补光等措施，增加室内的有效光照。

54. 保护地黄瓜怎样进行肥水管理？

（1）浇水　低温期定植缓苗后浇缓苗水，之后控制浇水，结瓜前地不干不浇水。高温期定植后及时浇定植水和缓苗水，之后适当控水，地不干不浇水。

结瓜后开始浇水，严冬季节一般每 15 天左右浇 1 次，选在晴暖天的上午进行，采用膜下暗灌法或滴灌。春季一般每 7～10 天浇 1 次，大小行均浇，浇水后注意放风排湿。结瓜中、后期，一般每 5～7 天浇 1 次。

（2）追肥　结瓜后开始追肥。冬季每 15 天追 1 次肥，春季每 10 天左右追 1 次肥，拉秧前 30 天不追肥或少量追肥。采取小垄沟内冲肥法施肥，交替冲施化肥和有机肥。化肥主要用水溶性复合肥、硝酸钾、尿素、磷酸二氢钾等，每亩每次用量 20～25 千克。有机肥主要用饼肥、鸡粪的沤制液以及专用生物有机肥等。结瓜盛期可叶面喷施 0.1%磷酸二氢钾、尿素等肥。

55. 保护地黄瓜怎样进行植株调整？

（1）整枝　主蔓坐瓜前，基部长出的侧枝应及早抹掉，坐瓜后长出的侧枝，在第 1 雌花前留 1 叶摘心。

（2）吊蔓、落蔓　瓜蔓伸长后，及时吊绳引蔓，每 3～5 天引蔓一次。引蔓的同时摘除雄花、卷须、老叶、病叶等。

当瓜蔓长到绳顶后及时落蔓，落蔓的高度以功能叶不落地为宜，并使温室内植株顶部形成北高南低的梯度，以利于田间的通风和透光（图 2-3）。

图 2-3　温室黄瓜落蔓效果

五、黄瓜采收与采后处理

56. 怎样确定黄瓜的采收期？

黄瓜以幼嫩瓜为产品，在适宜条件下，从雌花开放到采收需8～18 天。当果实长度和横径达到该品种商品果实的大小，种子和果皮没有变硬前，即可采收。采收的适期为顶花带刺。

根瓜采收要早，对生长势弱的植株要早采；生长势强的要晚采。通过采瓜、留瓜来促进或抑制植株长势，保持植株生长发育平衡。各种畸形瓜、病瓜等要及早疏除或早采。

57. 黄瓜采收应掌握哪些技术要点？

（1）采收前一天浇水，次日早晨或傍晚采收。采收时用剪刀保留一小段果柄，将果实剪下。果实要轻采轻放，保持刺瘤、果皮、花瓣等的完整，避免机械损伤。

（2）采收时，要在瓜蔓上保留一小段果柄将果实剪下，不要采取扭断果柄以及折断果柄等方式采摘，以免造成伤口过大，提高病害的感染率。

（3）采收过程中，要避免损伤茎叶。

（4）在植株上部的瓜坐稳后及时采摘下部的瓜，前期 2～3 天一次，盛瓜期 1～2 天一次。

（5）生长期施过化学合成农药的黄瓜，采收前 1～2 天必须进行农药残留生物检测，合格后及时采收。

58. 黄瓜采后主要有哪些处理?

（1）整理　剔除畸形果、烂果、病果等。

（2）分级　根据瓜条长度、粗细均匀度、颜色和重量进行分级。鲜食黄瓜分级标准见表 2-4。

（3）包装　可用普通纸箱，摆放一层黄瓜垫一层包装纸，放满后封箱。也可将黄瓜先装入塑料袋或塑料盒中，再装箱。

表 2-4　鲜食黄瓜分级标准

项目		质量等级		
		一级	二级	三级
形　状		形状一致，果面洁净	形状一致，果面洁净	形状略有差异，果面洁净
颜　色		果面颜色一致，有光泽	果面颜色一致，有光泽	果面颜色基本一致
长度	水果型黄瓜	误差≤1.0厘米	误差≤1.5厘米	误差≤1.5厘米
	普通型黄瓜	误差≤1.5厘米	误差≤2.0厘米	误差≤2.0厘米
横径	水果型黄瓜	误差≤0.3厘米	误差≤1.0厘米	误差≤1.0厘米
	普通型黄瓜	误差≤0.5厘米	误差≤1.5厘米	误差≤1.5厘米

（续）

项目	质量等级		
	一级	二级	三级
嫩度	果腔小，种子未发育	果腔较小，种子轻度发育	果腔较小，种子轻度发育
畸形瓜	无	无	≤5％
阴阳面	无	≤5％	≤10％
机械伤面	无	≤1 厘米^2	≤2 厘米^2
弯曲度	≤1.0 厘米	≤1.5 厘米	≤2.0 厘米
脱水	无	无	无
干疤点	无	1～2 处	≤4 处
果刺	完整	少量不完整	不完整
异品种瓜	无	≤1％	≤2％
其他	无腐烂瓜，无断条瓜		

六、黄瓜病虫害防治

59. 黄瓜的主要病害有哪些？如何防治？

（1）黄瓜霜霉病　初期叶片上出现水浸状黄色小斑点，高温、高湿条件下病斑迅速扩展，受叶脉限制呈多角形，淡褐色至深褐色。潮湿时病斑背面长出灰黑色霉层，病情由植株下部逐渐向上蔓延，茎、卷须、花梗等均能发病。严重时，病斑连成片，全叶黄褐色干枯卷缩，直至死亡。

防治方法：选用抗病品种；培育健壮植株，采用地膜覆盖，合理浇水，加强放风管理，控制田间温、湿度，特别要防止叶片结露或产生水滴。设施栽培可采用高温闷棚法控制发病，具体做法是：在霜霉病发生初期，于晴天中午密闭大棚，使棚内温度上升至45℃，维持恒温2小时，隔7～10天再处理1次，闷棚前须浇透水，闷棚后须大放风。

发病初期，选用 80％烯酰吗啉水分散粒剂 20～25 克/亩，或 52.2％霜脲氰·恶唑菌铜可湿性粉剂 60 克/亩，或 72％霜脲·锰锌可湿性粉剂 50 克/亩，或 25％嘧菌酯悬浮剂 30～50 克/亩，对水喷雾。间隔 6～7 天，视病情防治 2～3 次。设施内可用百菌清粉尘剂喷粉或烟雾剂熏治。注意在采收前 10～15 天不要用药。

（2）黄瓜白粉病　发病初期叶面产生圆形白粉斑，后逐渐扩大到叶片正、背面和茎蔓上，病斑连成片，整叶布满白色粉状物，严重时叶片变黄干枯，有时病斑上产生小黑点。

防治方法：选用抗病品种；培育壮苗，增强植株抗病力；设施内加强通风透光、降低湿度；发病初期用 25％吡唑醚菌酯乳油 20～40 毫升/亩，或 25％嘧菌酯悬浮剂 30～50 克/亩，对水喷雾。间隔 7～10 天，视病情防治 2～3 次。注意在采收前 10～15 天不要用药。

（3）黄瓜灰霉病　病菌多从开败的花侵入使花腐烂，并长出淡灰褐色的霉层，进而向瓜条侵入。花和幼瓜的蒂部初为水浸状，逐渐软化，表面密生灰绿色霉，致果实萎缩、腐烂，有时长出黑色菌核。叶片被害一般由落在叶面的病花引起，并形成大型的枯斑，近圆形至不整齐形，表面着生少量灰霉。烂瓜和烂花附着在茎上时，能引起茎部腐烂。

防治方法：加强通风散湿；清除病株残体，及时摘除病果、病叶及病花；发病初期用 50％异菌脲可湿性粉剂 50 克/亩，或 40％嘧霉胺可湿性粉剂 57 克/亩，对水喷雾。间隔 6～7 天，视病情防治 2～3 次。注意在采收前 10～15 天不要用药。

（4）细菌性角斑病　初为水渍状浅绿色斑点，渐变淡褐色，背面因受叶脉限制呈多角形，后期病斑中部干枯脆裂，形成穿孔。潮湿时病斑上溢出白色或乳白色菌脓，不同于霜霉病。果实和茎上染病，初期也呈水浸状，严重时溃疡或裂口，溢出菌液，病斑干枯后呈乳白色，中部多生裂纹。

防治方法：选用抗病品种；播种前种子用 100 万单位农用链霉素 500 倍液浸种 2 小时；及时清除田间病残体；设施栽培时采取地膜覆盖、膜下浇水、小水勤浇等灌溉措施，并进行合理放风，降低棚内湿度；发病初期用 20％噻菌铜悬浮剂 100 克/亩，或 77％氢氧化铜可湿性粉剂 200 克/亩，对水喷雾。间隔 6～7 天，视病情防治 2～3 次。注意在采收前 10～15 天不要用药。

60. 黄瓜的主要虫害有哪些？如何防治？

（1）瓜蚜　以成虫或幼虫群集在叶背面和嫩茎上吸取汁液，造成叶片向背面卷曲，严重时植株生长发育停滞，分泌的蜜露常引起煤污病，并能传播各种病毒病。

防治方法：消灭虫源；在设施内挂银灰色薄膜或采用银灰色地膜覆盖，可起到避蚜作用；有翅蚜对黄色有趋性，在瓜蚜迁飞时可在田间悬挂黄色黏虫板或黄色板条（25 厘米×40 厘米），其上涂上一层机油，每亩 30～40 块，每 10 天左右更换一次黏虫板；发生初期及时用 3％除虫菊素水分散剂 30 克/亩，或 3％啶虫脒乳油 10 毫升/亩，对水喷雾。设施内可用杀瓜蚜烟雾剂或敌敌畏烟雾剂熏杀。注意在采收前 10～15 天不要用药。

（2）温室白粉虱　以成虫或幼虫吸食叶的汁液，使叶片褪绿变黄、萎蔫，甚至枯死，分泌的蜜露常引起煤污病，并可传播病毒病。

防治方法：消灭虫源；设施通风口增设防虫网或尼龙纱等，控制外来虫源；人工繁殖释放丽蚜小蜂（按每株 15 头的量释放丽蚜小蜂成蜂），进行天敌防治；温室内设置黄板诱杀（参见蚜虫部分）；虫害发生初期选用 25％噻虫嗪水分散粒剂 14 毫升/亩，或 1％除虫菊素·苦参碱水乳剂 50 毫升/亩，或 5％啶虫脒乳油 40～60 毫升/亩，对水 50 千克喷雾。7～10 天喷一次，连续防治 2～3 次。设施内也可选用溴氰菊酯烟剂或杀灭菊酯烟剂进行熏烟防治。注意在采收前 10～15 天不要用药。

第三章　番茄生产技术

一、认识番茄

61. 番茄对栽培环境有哪些要求？

（1）温度　番茄喜温、怕寒且不耐热，对温度要求严格。生育适温为 13～28℃。温度低于 15℃ 生长缓慢，且不能开花或授粉不良，5℃ 茎叶生长停止，1℃ 以下开始冻死；通过低温锻炼，可忍耐短时（48 小时内）最低温度 −1℃。番茄不耐炎热，35℃ 以上影响开花结果。

番茄种子发芽最低温度为 10℃，最高 35℃，最适 28～32℃；幼苗期最低温度不得低于 13℃，不得高于 33℃，否则影响花芽分化；结果期白天 25～28℃，夜间 16～20℃ 最好。19～24℃ 有利于番茄红素的形成，果实着色好，低于 15℃ 或高于 30℃ 都不利于番茄红素的形成，果实着色也差。

番茄根系生长的最适温度为 20～22℃，最低地温 8℃，最高为 32℃。所以早春番茄要求在地温稳定达到 8℃ 以上后开始定植。

（2）光照　番茄喜充足阳光，光饱和点 70 000 勒克斯，温室栽培应保证 30 000 勒克斯以上的光照度，才能维持其正常的生长发育。在 11～13 小时的日照下，植株生长健壮，开花较早。

幼苗期光照不足，则植株营养生长不良，花芽分化延迟，着花节位上升，花数减少，花的素质下降；开花期光照不足，容易落花落果。结果期在强光下坐果多，单果大，产量高；反之在弱光下坐果率降低，单果重下降，产量低，还容易产生空洞果和筋腐果。

露地栽培如果在盛夏密度较低情况下，强光伴随高温干燥，可能引起卷叶或果面灼伤。在保护地栽培，易出现光照弱，特别是冬季温室栽培光照很难满足，所以常出现茎叶徒长、坐果困难、果实空洞等问题。

（3）温度　番茄属半耐旱作物，适宜土壤湿度为田间最大持水量的 60%～80%。在较低空气湿度（相对湿度 45%～50%）下生长良好。空气湿度过高，不仅阻碍正常授粉，还易引发病害。

（4）土壤　番茄对土壤条件要求不严，但在土层深厚、排水良好、富含有机质的土壤上种植易获高产。适合微酸性至中性土壤。

（5）肥料　番茄结果期长，产量高，需肥量大，生产 100 千克番茄需要氮 0.4 千克、磷 0.45 千克、钾 0.44 千克。生育前期需要较多的氮，适量的磷和少量的钾，后期需增施磷钾肥，提高植株抗性，尤其是钾肥能改善果实品质。此外，番茄对钙的吸收较多，生长期间缺钙易引发果实生理障碍。

62. 番茄植株有哪些特点？对生产有哪些指导作用？

（1）根　番茄的根系入土较深，盛果期主根深入土壤达 1.5 米以上，根展能达 2.5 米。大多根群在 30 厘米以内的耕作层中，其吸收水肥能力强，有一定的耐旱、耐肥能力，喜欢土层深厚的土壤。根的再生能力强，较耐移栽，适合育苗栽培。

（2）茎　番茄的茎呈半直立性或蔓性，需支架栽培。分枝能力强，几乎每一节上均能产生分枝，需要整枝，保持合理的株形。茎上易生不定根，适合扦插繁殖。

（3）叶　番茄叶片和茎上有茸毛及分泌腺，分泌出特殊气味，故虫害较少。

（4）花　番茄的花多为聚伞花序或总状花序，具有连续结果的能力。小果型品种，每花序有单花 10 余朵到几十朵；中、大果型品种，每花序有单花 5～9 朵，栽培上需要疏花疏果，将结果数量控制在一定的范围内，否则结果过多，不仅单果重减轻，而且果实大小差异较大，商品果率低。番茄属于自花授粉作物，温度过高或过低授粉不良，需要人工辅助授粉。

（5）果　番茄果实形状有圆球形、扁圆形、卵圆形、梨形、长圆形、桃形等，颜色有红色、粉红色、橙黄色、黄色等。单果重 50～200 克。外观差别较大，应根据当地的消费习惯选择适宜的品种。

（6）种子　番茄种子扁平略呈卵圆形，灰黄色，表面有茸毛。种子成熟早于果实，一般在授粉后 35～40 天就有发芽力。种子发芽年限能保持 5～6 年，但 1～2 年的种子发芽率最高。种子千粒重平均 3.25 克左右。

63. 番茄栽培品种主要有哪些类型？

（1）早熟品种　该类品种一般在主干的 6～8 节处着生第一个花穗，以后每隔 2 节左右着生一个花穗，通常着生 2～3 个穗花后，植株的主干便不再伸长，也不再出现花穗，结果期比较短。早熟番茄品种主要应用于栽培期较短的春季早熟栽培以及秋季延迟栽培，栽植密度比较大，一般每平方米栽苗 6～7 株。主要品种有早丰、金棚 1 号、超群、美国大红、早魁、秋丰、鲁粉 2 号等。

（2）中晚熟品种　该类品种一般在主干的 8～9 节处着生第一个花穗，以后每隔 2～3 节着生一个花穗。在栽培条件适用时，主干可无限伸长，花穗也随之不断地长出，直到植株死亡为止。中晚熟种的结果期比较长，露地栽培一般可结果 8～10 穗，保护地栽培可结果 10 穗以上。该类品种的栽植密度比较小，一般每平方米栽苗 5～6 株，主要用于栽培期较长的番茄高产栽培。

主要品种有以色列 163、以色列 3 098、毛粉 802、L402、中杂 9 号、144、FA－189、百利等。

此外，按果皮厚度不同，番茄品种又分为薄皮番茄和厚皮番茄两种。果实皮薄多汁，种腔大，不耐挤碰，成熟后果肉很快变软，存放期短，耐储运性差。我国传统栽培番茄品种大多属于薄皮番茄，优良品种有毛粉 802、中杂 9 号、L－402 等。厚皮番茄果皮厚少汁，种腔小，耐挤碰，可长期存放，耐储运性强。目前国内栽培的厚皮番茄品种多从国外引入，优良品种有百利、玛瓦、红太子等。

64. 番茄优良品种主要有哪些？

（1）以色列 163 番茄 中熟品种，生长旺盛，大红果，高圆形，大果型，果硬，耐运输，货架期长，连续坐果能力强，产量高，单果重 250 克左右，耐低温弱光，抗烟草花叶病毒、筋腐病、叶霉病和枯萎病，适合我国各地保护地早春、秋延和越冬种植。

（2）以色列 3 098 番茄 植株生长旺盛，耐低温性强，大红果，单果重 200～250 克，硬度高。高抗番茄 TY 病毒和根结线虫，耐低温，适合我国各地保护地早春，秋延和越冬种植。

（3）金棚 1 号 植株生长势中等，开展度小，叶片较稀，茎秆细，节间短，主茎第 7 节着生一花穗，以后每隔 3 叶或 2 叶着生一花穗。果实高圆，幼果无绿肩，成熟果粉红色，均匀一般，亮度高。果肉厚，心室多，果芯大，耐挤压，货架寿命长，长途运输损耗率低。一般单果重 200～250 克，高抗番茄花叶病毒，中抗黄瓜花叶病毒，高抗叶霉病和枯萎病，灰霉病、晚疫病发病率低。抗热性好。适宜日光温室、大棚、中棚秋延后、春提早栽培，也可用于露地栽培。

（4）早丰 一般着生 3 穗花序后即自行封顶，生长势较强。第一穗花序位于主茎第 7 叶位，以后每花序大多间隔 2 叶。果实圆整，扁圆形，果表光滑，大红色，单果重 150～200 克，最大果可达 750 克。品质好。耐寒性较强，抗烟草花叶病毒病。适宜春季露地和大、中、小拱棚早春和晚秋覆盖栽培。

（5）黑牛肝　从美国引进，杂交一代早熟品种，植株无限生长。果实紫黑色，富含花青素、叶绿素等，果实圆形，表皮光滑，外观漂亮。每穗果 4～6 个单果重 150～200 克，产量高，口感佳。抗病性强，适合露地及保护地种植。

（6）宝石捷 1 号　中熟品种，不早衰，耐低温，连续坐果能力强，果色粉红，果实高圆形，果实大小均匀，单果重 220～260 克，果肉非常坚硬，常温下货架期可达 20 天以上，抗番茄黄化卷叶病毒（TY）。适合温室越冬一大茬及早春栽培。

（7）串红 5 369 樱桃番茄　该品种属于水果型樱桃小番茄，早熟杂交种。植株长势旺盛，果实圆形，单果重 30 克左右，果色亮红，鲜食味佳，番茄红素高，无绿肩，抗裂性强，可成串采摘，切片无汁溢出，货架可长达 3 周。连续坐果能力强，每穗坐果 15 个左右。抗烟草花叶病毒（TMV），黄萎病（V），枯萎病 1、2 号（F1＋F2），根结线虫病（N）和番茄白粉病（Lt）。适宜越冬温室、秋延迟或春夏大棚种植，每亩定植 2 000～2 200 株。

（8）红圣女果　该品种属于水果型樱桃小番茄，早熟，生长势强，坐果率高，平均单果重 15～18 克。果实卵圆形，亮丽，果皮厚，不易裂果，口感风味好，可溶性固形物含量高，商品性佳，综合抗病能力强，耐低温，抗热好。适宜越冬温室、秋延迟或春夏大棚种植，亩定植 2 800～3 000 株。

（9）毛粉 802　由西安市蔬菜所选育而成的中晚熟一代杂交品种。株高 140 厘米左右，半数植株表面密生白色茸毛，具有显著的避蚜虫效果。果实圆形，粉红色，幼果有青果肩，果实光滑、美观、脐小、肉厚，不易裂果，酸甜可口。坐果力强，产量高，单果重约 200 克，一般亩产 4 000～5 000 千克。高抗烟草花叶病毒。耐黄瓜花叶病毒，适宜春、秋温室大棚及春露地栽培。

65. 怎样选择番茄品种？

（1）根据栽培模式选择品种　要求所选用的番茄品种与所用的栽培模式相适应。一般来讲，选择栽培期短的栽培模式时，应优先选用早熟番茄品种；选择栽培期较长的栽培模式时，应选择生产期较长的中晚熟番茄品种；选择露地栽培模式时，应选用耐热、适应性强的番茄品种；选择冬春季保护地栽培模式时，应选用耐寒耐弱光能力强、在弱光和低温条件下容易坐果的番茄品种；用塑料大棚进行春连秋栽培时，应选择耐寒耐热力强、适应性和丰产性均较强的中晚熟番茄品种。

（2）根据当地的番茄消费习惯选择品种　要求所选用的番茄品种在果实的大小、形状、果色及风味等方面适合消费习惯。另外，用于外销的番茄还应选择果皮较厚、耐储运、果形整齐度较高的番茄品种。

（3）根据当地番茄病虫害的发生情况选择品种　就目前番茄生产上的病虫危害情况来讲，露地栽培番茄必须选用抗病毒病能力强的品种；冬春季保护地内栽培番茄，要求所用品种对番茄叶霉病、灰霉病和晚疫病等主要病害具有较强的抗性或耐性；蚜虫和白粉虱发生严重的地方，最好选择植株表面上茸毛多而长的具有避蚜虫和白粉虱功能的品种。

二、番茄育苗技术

66. 番茄主要有哪些育苗方式？

（1）温室育苗　是目前番茄的主要育苗方式，特别是北方地区低温期栽培番茄，大都选在温室内育苗。温室育苗需要的时间短，也容易培育壮苗，除了专业化的工厂化育苗外，农户也大多结合温室生产自行育苗，以降低育苗费用。

（2）塑料大棚育苗　塑料大棚育苗成本低，但低温期的育苗时间长，受季节的影响也比较大。目前，番茄塑料大棚育苗主要用于育苗企业，利用大型的连栋塑料大棚进行育苗。一些农户也有利用小拱棚、地膜、草苫等多层保护措施，在普通塑料大棚内进行提前育苗。

（3）风障阳畦育苗 风障阳畦结构简单，苗床空间较小，温度偏低，育苗时间较长，育苗质量也差。目前蔬菜产区已较少应用，多用于偏远地区露地栽培番茄育苗。

（4）小拱棚育苗 小拱棚单独育苗效果较差，多用作多层覆盖，与其他大型育苗设施结合进行。

67. 番茄生产对种子质量有哪些要求？

在生产中番茄对种子质量的要求是：品种纯度不低于97%，品种净度不低于98%，种子发芽率不低于95%，含水量不高于8%。

68. 番茄播种前应对种子做哪些处理？

（1）晒种 播种前把番茄种子置于太阳下晾晒，利用太阳光中的紫外线灭杀掉种子上所带的部分病菌，减少苗期病害；提高种子的体温，促进种子内的营养物质转化，增强种子的发芽势；减少种子的含水量，增强种子的吸水能力，缩短浸种需要的时间。

一般视晒种时的温度高低和光照强弱不同，晒种2～3天为宜。

（2）搓掉种子上的茸毛 番茄种子表面长有密集的茸毛，茸毛吸水后容易发生粘连，妨碍种子内外的气体交流，也能够造成种子间粘连，降低播种的质量，多结合晒种进行，在晒种结束时趁种子尚干燥、茸毛易掉时把茸毛搓掉。

（3）消毒处理 主要采用药剂浸种法。常用的消毒液有100倍的高锰酸钾药液、10倍的磷酸三钠药液、100倍的氢氧化钠药液等。浸种时，先用温水把种子泡湿，然后再用上述药液浸种

20～30 分钟。浸种结束后，要用清水把种子上的残留药液清洗净，以免种子出芽时烧伤种芽。

另外，热水浸种也能够消灭掉种子上携带的多数病菌。具体方法是：用温水把种子浸泡 30 分钟左右，使种子上携带的病菌吸水活跃起来，以利于灭杀；把泡湿的种子浸入温度为 55～60℃ 的热水中，并不断加入热水，保持水温 10～15 分钟，即可达到种子消毒的目的。

（4）浸种催芽　用温度为 25～30℃ 的温水浸泡番茄种子，浸种用水量为种子量的 4～5 倍，一般浸种 10～12 小时。其中，新种子的浸种时间宜长，在水温适宜时，浸种 8～10 小时为宜；陈种子的浸种时间应短，以 7～8 小时为宜。

番茄种子催芽的一般做法是：①用湿布包住种子，把种子包吊挂到温室内或扣盖在瓢、盆内；②把种子包放入一塑料袋内，塑料袋不扎口，把种子包放入贴身的上衣口袋内或腰带内，借助体温进行催芽。催芽适温为 28～32℃，在条件适宜时，一般催芽 3 天左右后即可开始发芽。

69. 番茄床土育苗应掌握哪些技术要领？

（1）配制育苗土　一般按照田土：有机肥 1：1 比例混制。每立方米育苗土中还应混入 1 500 克左右的复合肥或 1 000 克磷酸二氢钾、800 克尿素以及 50% 多菌灵可湿性粉剂 100～150 克、50% 辛硫磷乳油 100～150 毫升，对育苗土进行灭菌消毒，预防苗期病虫害。

田土要从最近 4～5 年内没有种过番茄、茄子以及辣椒的地块上挖取，土质以壤土为最好。有机肥要在配制育苗土前，至少有一个月以上时间的腐熟期。粪肥要细碎，粪块较大时，要先将粪块搓碎。

将田土、粪肥以及化肥、农药等充分混拌均匀，堆放一周左右后填入育苗床，整平畦面待播。北方地区番茄育苗多用低畦，一般畦面宽 1.2～1.5 米，畦埂高出畦面 15 厘米以上。

（2）播种　多采用撒播法。将苗床浇透水后，将畦面均匀撒一层育苗土，土层厚度以刚好盖住畦面为适宜。番茄种子较小，也易于粘连，不容易播种均匀，要用种子量 20～30 倍的细潮土或细沙拌种，将种子与沙土拌匀后，再进行撒播。每平方米床面撒种 3～5 克。

播种后要随即用育苗土覆盖住种子。土要盖匀，盖土厚度 1 厘米左右为宜。之后覆盖地膜保温保湿。

（3）播种后管理　番茄播种后出苗前保持苗床温度 25～32℃，温度低于 20℃时，种子出苗缓慢，低于 15℃时发芽困难。种子出苗后揭掉地膜，降低温度，白天 20～28℃，夜间 12～15℃，并加强通风，保持充足的光照，防止形成"高脚苗"。苗床土湿度过大时，还可采用床面撒土法，用干细土来吸收畦面多余的水分，保持畦面干燥。高温期育苗，苗床土偏干时，应及时向床面喷水。

齐苗后开始间苗，间苗要求"去弱留壮、去小留大、去病留好"。每次的间苗量应少，首次间苗以打开单棵、幼苗间不发生拥挤为适宜，以后随着幼苗的长大，从密集处删除多余的苗。间苗后，将苗畦均匀撒一层湿土，盖住露出的根并对苗畦进行保湿。

（4）分苗　番茄分苗应在 2 叶期之前，分苗过晚，将影响花芽分化。分苗床土的配制方法与播种床基本一致，只是田土与有机肥的比例应加大到 6：4，以增大土坨的黏性，避免起苗移栽过程中散坨。

低温期选晴暖天分苗，将苗带土从播种床中起出，移栽到分苗床中，适宜苗距 8～12 厘米，每平方米栽苗 70～160 株。如果在分苗床内培育大苗，栽苗密度应小一些，培育小苗时，则栽苗密度应大一些。栽满苗床后，随即浇水，并覆盖小拱棚保温。

（5）分苗后管理　分苗后保持苗床适宜高温，白天 25～30℃，夜间 15℃以上。高温期育苗，白天中午前后要用遮阳网对苗床进行遮阴降温。一般经 7 天左右即可缓苗。

缓苗后，对番茄苗进行大温差育苗，以培育壮苗，提高花芽分化质量。白天温度 25～32℃，夜温 12～15℃。在保证苗床温度需要的前提下，要多通风、通大风。要保持苗床内充足的光照。

低温期育苗，缓苗后适量喷水，之后地不干不浇。高温期育苗，要增加喷水次数和喷水量，保证供水。低温期浇水应安排在温度较高的晴天中午前后，高温期浇水则应安排在苗畦内比较凉爽的早晨或傍晚。

定植前一周，结合浇水，用快刀将床土按苗切块。土块间的缝隙要用细沙填塞好。

70. 番茄育苗钵育苗应掌握哪些技术要点？

（1）选择育苗钵　育苗钵规格以 10 厘米×10 厘米或 8 厘米×10 厘米为宜，装土量以距钵口 1 厘米为佳。

（2）配制育苗土　育苗土中的田土与有机肥的适宜用量比为 4∶6。每立方米肥土中再混入 50％多菌灵可湿性粉剂 100～150 克和 50％辛硫磷乳油 100～150 毫升，对育苗土进行灭菌消毒，预防苗期病虫害。

（3）播种　种子出芽后播种。播种前将育苗钵土浇透水，水渗后播种。每钵一粒带芽的种子，播深 0.5 厘米左右。播种后覆盖地膜保温保湿。

（4）苗床管理　播种后苗床温度保持 25～30℃，80％的幼芽出土后揭掉地膜，加强通风，降低温度，白天温度 22～30℃，夜间温度 12～18℃，防止幼苗徒长。大部分种子出苗后喷一水，沉落浮土，防止露根，之后根据墒情适量喷水。第一片真叶出现时，提高温度白天 25～27℃，夜间 16～18℃。

番茄育苗钵水分管理的原则是：少水勤浇，不控水也不浇大水。具体做法是：低温期育苗一般 3～5 天浇一次水，高温期育苗一般每天至少要浇一次水；浇水要透，要求浇水后能见到水从育苗钵底流出；每次的浇水量应少，避免浇水后育苗钵内长时间发生积水。

随着苗子逐渐长大，要将大小苗分开苗床排放，以便于苗床管理。同时，为防止幼苗根系从育苗钵的孔中扎入土壤中，还要定期搬动育苗钵，拉断伸出苗钵外的根。

番茄育苗钵育苗从播种到定植需 50～60 天，当幼苗具 8～9 片叶时定植。

71. 穴盘育苗应掌握哪些技术要点？

（1）穴盘选择　育 4～5 叶苗选用 128 孔苗盘，育 6 叶苗选用 72 孔苗盘。

（2）基质准备　基质配方：草炭：蛭石＝2：1 或草炭：蛭石：废菇料＝1：1：1，覆盖料一律用蛭石。冬春季配制基质，每立方米加入 1：1：1 氮、磷、钾三元复合肥 2.5 千克，夏秋季配制基质加入 2.0 千克，肥料与基质混拌均匀后备用。

（3）装盘、压盘　将配好的基质装在穴盘中，尽量保持原有物理性状，用刮板将多余的基质刮掉，使各个格室清晰可见。之后，用专用压穴器压出播种穴，或将装好基质的穴盘垂直码放在一起，4～5 盘一摞，上面放 1 空穴盘，均匀下压出播种穴。

（4）播种　一般用干种子播种。将种子播于穴的中央，每穴 1 粒种子，发芽率低的种子可播 2 粒。播深 1.0 厘米左右。

（5）苗期管理

①温度管理。播种后将穴盘摆放于催芽室中，催芽期间温度白天 25℃，夜间 20℃，3～4 天后，当苗盘中 60％左右种子出芽时，将苗盘转到育苗温室，此期白天温度 25℃左右，夜温 16～18℃。2 叶 1 心后，夜温可降至 13℃左右，但不要低 10℃。白天酌情通风，降低空气相对湿度。

②水分管理。播种后，将育苗盘喷透水，保证发芽期的水分供

应。出苗后降低基质持水量，子叶展开至 2 叶 1 心，基质持水量保持 65%～70%；3 叶 1 心至商品苗销售，基质持水量保持 60%～65%。穴盘苗应在早晨浇水，下午对严重干旱的秧苗点片补水。

③补苗和分苗。一次成苗的需在第一片真叶展开时，及早将缺苗孔补齐。分苗育苗的，一般先用 288 孔苗盘播种，当小苗长至 1～2 片真叶时，分苗至 72 孔苗盘内。

④营养管理。按要求配方配制的基质已含有番茄苗其所需要的营养，一般 3 叶前不需要施肥。3 叶 1 心后，可用 0.5% 的磷酸二胺溶液进行叶面喷施 1～2 次。苗期幼苗生长过旺时，可用 0.2% 的磷酸二氢钾溶液叶面喷施 1～2 次。

⑤光照管理。冬季育苗时，在温度允许范围内尽可能早揭晚盖草帘，以延长光照时间，夏秋季育苗时应适当遮阴。

⑥株型控制。番茄苗发生徒长时，立即用 10 毫克/升多效唑水溶液喷雾控旺，同时减少浇水，降低温度。

（6）育苗标准　春季育苗，72 孔苗盘苗适宜株高 18～20 厘米，茎粗 4.5 毫米左右，长有 6～7 片真叶并现小花蕾，一般需60～65 天；128 孔苗盘育苗的适宜株高 10～12 厘米，茎粗2.5～3 毫米，长有 4～5 片真叶，需 50～55 天（图 3-1）。

图 3-1　番茄穴盘苗

夏秋育苗的适宜株高 15 厘米左右，茎粗 0.4 厘米左右，长有 4 叶 1 心，需 25～30 天。

三、番茄露地栽培管理技术

72. 怎样确定露地番茄的育苗期与定植期?

番茄露地栽培只能安排在无霜期内。春季当地晚霜过后，日平均气温达 15℃以上，10 厘米地温稳定在 10℃以上时定植。

我国北方地区部分城市露地栽培番茄的育苗期与定植期见表 3-1。

表 3-1　我国北方部分城市露地栽培番茄的育苗期与定植期

城市名称	栽培季节	播种期（月/旬）	定植期（月/旬）	收获期（月/旬）
北京	春番茄	1/下至 2/下	4/中、下	6/中至 7/下
	秋番茄	6/中至 7/上	7/下	9/上至 10/上
济南	春番茄	1/中、下	4/中、下	6/上至 7/下
	秋番茄	6/下	7/中	9/中至 10/上
西安	春番茄	1/上	4/上	6/上至 7/中
	秋番茄	7/下	8/下	10/上至 11/上
兰州	春番茄	2/下	4/下至 5/上	6/下至 8/上
太原	春番茄	2/上	4/下至 5/上	6/下至 9/上
沈阳	夏番茄	2/下	5/中	6/下至 7/下
哈尔滨	夏番茄	3/中	5/中、下	7/中至 8/下

73. 露地番茄定植应掌握哪些技术要领?

（1）整地做畦　每亩施充分腐熟的优质粪肥 5 000～7 500 千克，其中 2/3 铺施后深翻，余下的一半掺入 50 千克过磷酸钙或 25 千克复合肥集中施于垄底。做成宽垄，垄宽 70 厘米，沟宽 30～50 厘米，垄高 10～12 厘米，起垄后覆盖地膜。

我国西北、华北春季比较干旱的地区，或其他地区春季进行密植早熟栽培时，适宜选用平畦，以利于灌溉和保湿，适宜畦宽1.0～1.2米。

（2）定植　在宽垄的两个肩部破膜，交错开穴，穴深10～13厘米。将苗带土坨轻放于沟内，穴内灌足水，待水渗下后覆土封穴。

（3）合理密植　适宜种植密度为：早熟品种株距25～30厘米，中晚熟品种株距30～33厘米。

（4）注意事项　春季栽培应选择晴天中午前后温度较高时定植，同时要将大小苗分开定植，以方便管理。对徒长苗，可采取苗茎窝栽法，将部分苗茎用土埋住，以促进茎上产生不定根。

74. 露地番茄怎样进行肥水管理？

春季温度低，番茄定植后生长比较缓慢，发棵晚，要在缓苗后，结合浇缓苗水，冲施一次氮肥，促早发棵。之后到坐果前不再追肥。植株坐果后，要及时浇水，并追一次肥。此次追肥，要用肥料种类齐全的氮磷钾（15：15：15）三元复合肥，在两株番茄间开沟施肥，施肥后平沟、浇水。也可以冲施水溶性三元复合肥12～15千克。施肥后要勤浇水，经常保持地面湿润。第一穗果采收前追第二次肥。盛夏期间，因受高温的影响，番茄生长比较缓慢，一般不追肥，只进行浇水和排涝管理，此期中午前后如遇阵雨，应在雨后浇水，进行"涝浇园"，保护根系。

入秋后，气候开始变凉，番茄进入第二个结果高峰期，要及时追肥浇水，促叶保秧，防止早衰。至拉秧前一般追肥2次即可，追肥种类以氮肥为主。

75. 露地番茄怎样进行植株调整？

浇过缓苗水后，当植株高25～30厘米时需及时搭架绑蔓，常用人字架和三角锥形架或四角锥形架。插架后随即绑蔓。

番茄的整枝方式有多种，各有特点。常用的整枝方式为单秆整枝，对无限生长型品种，留3～5穗果摘心，摘心时应于顶部果穗上留2片叶，有利于果实生长，并有遮阴防止果实日灼的作用。番茄抹杈要选在晴天上午，不要在阴雨天里进行。晴天温度高，抹杈后伤口愈合较快，不容易感染病菌。阴雨天里的温度低，抹杈后伤口愈合比较慢，感染病菌的机会增多，容易染病。另外，抹杈要从基部留下1～2厘米长的侧枝打掉。侧枝留茬打掉可避免紧靠主干打杈后，在主干上留下一个大的伤口，使主干感染病菌以及妨碍主干的上下营养流通。番茄的侧枝生长较快，要勤抹杈，一般每3天左右抹杈一次为宜。

图3-2　番茄人字架

对变黄的叶片以及染病的叶片要及早摘掉；第一穗果采取后，要把果穗下的所有叶片打掉。打老叶时要注意，不要把叶片从基部全部去掉，要留下1厘米左右长的叶柄，保护枝干。另外，打老叶要在晴暖天上午温室内温度较高时进行，使留下的叶柄茬口及早愈合，避免病菌侵染。

76. 露地番茄怎样进行花果管理？

（1）保花保果　露地番茄春季温度低、夏季高温多雨均不利于开花坐果，不仅容易落花，而且也容易因授粉不足形成畸形果。因此，需要进行人工保花保果处理。具体做法有：

2，4-D抹花：于花开放前后6小时内，用毛笔蘸15～20毫克/升浓度的2，4-D涂抹花柄的弯节处。抹花时，不要将2，4-D涂抹到茎叶上，也不要对同一朵花作重复处理，以免引起药害。生产上一般是在配制好的2，4-D溶液内加入红涂料，蘸花后利用残留在果柄上的红色涂料做标记。

防落素喷花：用20～30毫克/升浓度的防落素在花开放时直接喷花。一般当花穗上有2～3朵花开放时，用小型喷雾器对整个花穗进行喷雾，当花穗上的半数花开放时再喷一次，一穗花喷2～3次即可。防落素在要求的浓度下不会对茎叶造成危害，可以对整个花穗进行处理，每次处理的花量比较大，但效果不如2，4-D抹花的好。

（2）疏花疏果 番茄为总状花序，条件适宜时，每穗花可结多个果实。由于果实的坐果时间以及所处位置的差异，同一穗果实间的大小往往差异较大，因此，需要进行疏花疏果，保留适宜数量的果实，提高商品果率。

一般当果穗上坐果达一定数量后，要及早将花穗的前端摘除。果实坐果后进行疏果，一般大型果品种每穗留果3～4个，小型果品种（不包含樱桃番茄品种）每穗留果4～5个，其余花或果可全部去掉。另外，畸形果、染病果、虫伤果、僵果等也要及早摘除。

四、番茄保护地栽培管理技术

77. 番茄保护地栽培形式主要有哪些？

北方番茄保护地栽培形式主要有春季小拱棚早熟栽培模式、春季塑料大棚早熟栽培模式、秋冬温室高产栽培模式、冬春温室早熟高产栽培模式等。各栽培模式因其栽培季节和栽培条件不同等原因，其栽培效果也相差很大，就目前的栽培情况来看，以番茄秋冬温室栽培模式的综合栽培效果为最好。

78. 怎样确定保护地番茄的育苗期与定植期？

北方保护地番茄的育苗期与定植期确定，主要受保护设施的类型以及市场供应情况等的影响。其中，塑料大棚番茄栽培主要受环境的影响，一般要求在不受冻害的前提下，栽培时间越早越好。温室栽培主要受市场供应与价格的影响，要求把主要结果期安排在市场价格较高的时期。北方温室、大棚番茄生产的参考育苗期与定植期如下。

日光温室秋茬栽培：7月上中旬播种，8月上中旬定植，10月中下旬开始收获。

日光温室秋冬茬栽培：8月下旬至9月上旬播种，9月下旬至10月上旬定植，12月中下旬开始收获。

日光温室冬春茬栽培：10月中下旬播种，11月下旬至12月上旬定植，2月上中旬开始收获。

塑料大棚春茬栽培：1月下旬至2月上旬播种，3月中下旬定植，5月中下旬开始收获。

79. 保护地番茄定植应掌握哪些技术要领？

（1）整地作畦　每亩施充分腐熟鸡粪 $5\sim6$ 米^3、复合肥 $100\sim150$ 千克、硫酸锌和硼砂各 0.5 千克。基肥的 2/3 撒施于地面作底肥，结合土壤深翻，使粪与土掺和均匀；其余的 1/3 整地时集中条施于番茄种植处。

整平地面后，按 $70\sim80$ 厘米和 $50\sim60$ 厘米大、小垄距直接起垄，或者做成南北向平畦，畦宽 $1.2\sim1.4$ 米，畦内开挖 2 行定植沟，沟距 $50\sim60$ 厘米，沟深 15 厘米左右，平畦法多用于高温期定植。

（2）定植　春季栽培应选暖天定植，夏秋季应在上午或下午定植。定植时，按株距将苗轻放于定植沟或穴内，交错摆苗。低温期栽苗后，将沟（穴）浇满水，水渗后覆土封沟，并覆盖地膜。高温期栽苗后，将栽培畦放满水即可。

（3）栽苗深度　番茄苗茎下部容易生根，应适当深栽苗，特别是徒长苗，一定要深栽。另外，为方便日后的管理，大小苗要分区定植，一般大苗定植于温室的南部，小苗定植于温室的北部。

（4）合理密植　普通番茄适宜株距 30～33 厘米，畦内行距 50～60 厘米，畦间行距 70～80 厘米，每亩栽 3 000～4 000 株；樱桃番茄畦内行距 60 厘米，畦间行距 80 厘米，株距 40～45 厘米，每亩定植 2 000～2 600 株。

80. 保护地番茄怎样进行温度和光照管理？

缓苗期间白天温度 25～30℃，夜间 15～20℃。缓苗后白天 20～28℃，夜间 10～15℃。结果后，上午 25～28℃，下午 25～20℃；前半夜 18～15℃，后半夜 15～10℃。地温不低于 15℃，以 20～22℃为宜。低温期栽培注意保温防寒；高温期栽培要加大通风量，并利用遮阳网降温。

番茄较喜光，低温期除了采取合理密植、大小行种植、及时植株调整外，还应通过张挂反光幕、擦拭薄膜、延长见光时间以及人工补光等措施保持田间充足的光照。

81. 保护地番茄怎样进行肥水管理？

（1）培垄与覆盖地膜　高温期采用平畦定植的地块，缓苗后地皮不黏时，开始中耕。结合中耕，将行间的土培到定植行上，成单行小垄，垄高 10～15 厘米。然后采取"一膜双垄"覆盖形式，两小垄盖一幅 100 厘米宽地膜，中间一浅沟用于膜下灌溉。

（2）肥水管理　缓苗后及时浇一次缓苗水，之后到第一层果坐住以前，控水蹲苗。当第一层果有核桃大小或鸡蛋大小时，及时浇水。结果期冬季 15～20 天浇一次，春季 10～15 天浇一次，高温季节 5～7 天浇一次。冬季宜在晴天上午浇水，并采用膜下暗浇。高温期要在早晚浇水，并且浇水量要大。

当第一层果坐住时，进行第一次追肥。首次收获后，进行第二次追肥，以后每次收获后追肥，每次每亩追施尿素 15 千克、磷酸二氢钾 3～5 千克，或水溶性氮磷钾（18∶18∶18）三元复合肥 12～15 千克。

生长后期，每 5～7 天叶面喷施一次 0.1%磷酸二氢钾和 0.1%尿素混合液。

82. 保护地番茄怎样进行植株调整？

（1）整枝 温室大棚番茄主要选用单干整枝法。每株番茄只保留主干结果，其他侧枝及早疏除。早熟栽培一般留 3～4 穗果，在最后一个花序前留 2 片叶摘心。高产栽培一般通过采取落蔓措施，保持主干连续结果，直到拉秧。

（2）吊蔓和落蔓 在植株上方距畦面 2～2.5 米处沿畦方向按行分别拉 2 道 10 号铁丝，每个植株用吊绳捆缚并将植株吊起（图 3-3）。吊绳上端用活动挂钩挂在铁丝上，挂钩可在铁丝上

图 3-3 温室番茄吊绳引枝

移动。随着植株生长，不断引蔓、绕蔓于吊绳上。当植株顶部长至上方铁丝时，选晴暖天中午前后，当茎蔓含水量偏低变软时，将茎蔓从吊绳上解开，去掉下部老叶，并把茎蔓落到地面，盘绕后，把上部重新用吊绳绕缠好，继续向上生长。每次落蔓高度50厘米左右为宜（图3-4）。

图3-4　番茄落蔓

（3）抹权、摘叶　选晴天上午进行，一般当侧枝长到10厘米左右长时，从基部1厘米左右摘除。下部的老叶、病叶也要及早摘除。

83. 保护地番茄怎样进行花果管理？

（1）保花保果　冬春茬番茄花期经常遇低温、弱光，自然授粉受精不良，容易导致落花落果，需要进行人工保花保果处理。目前多采用2,4-D抹花，或者用番茄灵在花穗半开时喷花，进行保花保果，具体技术要求参见露地番茄部分。

（2）疏花疏果　大果型品种每穗留果3~4个，中型留4~5个，樱桃番茄通常不疏果，只是除掉发病与腐烂的果实即可。疏花疏果分两次进行，每一穗花大部分开放时，疏掉畸形花和开放较晚的小花；果实坐住后，再把发育不整齐、形状不标准的果疏掉。

五、番茄采收与采后处理

84. 怎样确定番茄的采收期?

番茄以成熟果实为产品，果实采收对成熟度要求比较严格，应根据需要选择适宜的成熟期进行采收。

番茄果实通常分为 4 个采收期，分别是：绿熟期、转色期、成熟期和完熟期。

绿熟期的番茄果实已经充分长大，果皮由绿转白，种子发育基本完成，但食用性还很差，需经过一段时间的后熟，果实变色后，才可以食用，不过与正常成熟的果实相比较，后熟后的果实风味明显不佳。由于此期采收的果实质地较硬，比较耐储存和挤压，适合于长途贩运，因此用以长期储存或长途贩运的果实多在此期采收。

变色期的番茄果实脐部开始变色，采收后经短时间后熟即可全部变色，变色后的果实风味也比较好。不过此期的果实质地硬度较差，不耐储存也不耐挤碰，故此期采收的果实只能用于短期储存和短距离贩运。

成熟期的果实大部分变色，表现出该品种特有的颜色和风味，品质最佳，也是最理想的食用期。但此期的果实质地较软，不耐挤碰，挤碰后果肉很快变质。因此，此期采收的果实适合于就地销售。

完熟期的果实全部变色，果肉变软、味甜，种子成熟饱满，食用品质变劣。此期采收的果实主要用于种子生产和加工番茄果酱。

85. 番茄采收应掌握哪些技术要点?

（1）要在早晨或傍晚温度偏低时采收，不要在温度较高的中午前后采收。中午前后采收的果实含水量少,鲜艳度差,外观不佳,同时果实的体温也比较高,不便于存放,容易腐烂。

(2)要按果实的成熟度分别采收。大果品种原则上果实成熟一个采收一个。樱桃番茄由于不同果穗乃至同一果穗上的不同果实均是陆续生长、陆续成熟、陆续采收,因此一般进行单果采收。个别品种同一果穗上的果实成熟期比较接近,为保持良好的商品形状以及美观需要,应进行单果穗采收。对于黄果品种,由于其果实成熟后很快衰老劣变,故应在果实八成熟时采收。

(3)果实要带一小段果柄采收,通常从果柄的弯节处将果柄剪断。果实带一小段果柄采收,可避免采收时拉裂果实(对不易落果的品种尤为重要),也能避免疤痕处染病感染果实。但应注意的是,所带果柄不宜太长,以免装筐或装箱后,刺破其他果实。

(4)果实采收动作要轻,果柄要用剪刀剪断,不要硬拉,避免拉裂果实以及拉伤茎干等。

(5)采收下的果实要按大小分别存放,用于外运的果实要按规定的标准分级装箱。

(6)露地栽培番茄不要在雨后果面上有水时采收,避免染病。

86. 番茄采后处理主要有哪些?

(1)分级 大果形番茄一般在进行商品包装前进行,将果形圆整、果色好、无疤痕、无虫眼、无损伤、光滑均匀美观的果实分出来,再根据单果重量分别包装。

小果形番茄分级通常按果实的品质分为优质、一级、二级3个等级。

优质:同一品种,果形、色泽良好,萼片青绿,无水伤,无软化,无裂痕,无病虫害、药害及其他伤害。

一级:同一品种,果形正常、色泽良好,无水伤,无软化,无裂痕，无病虫害、药害及其他伤害。

二级：品质要求仅次于一级，且仍保持本品种果实的基本特征。

（2）包装　果实一般用包装纸或泡沫网袋包裹（图3-5）。

图3-5　番茄果实包装

用于产品包装的容器，如塑料箱、纸箱等应按产品的大小规格设计。同一规格应大小一致、整洁、干燥、牢固、透气、美观，内壁无尖突物、无污染、虫蛀、腐烂、霉变等，纸箱无受潮、离层等现象。塑料箱还应符合GB/T 8868的要求。

樱桃番茄为突出美观，一般进行整穗或半穗采收，分级包装。

（3）贮藏　利用冷库贮藏和冬季利用通风库或窖贮藏，以及夏季利用人防工程或山洞贮藏等，贮藏温度应控制在11～13℃。

六、番茄病虫害防治

87. 番茄的主要病害有哪些？如何防治？

（1）番茄灰霉病　番茄灰霉病是保护地番茄的重要病害之一，在低温高湿的冬春季最容易发病。该病对植株的茎、叶、花和果实均可造成危害。叶片发病多由顶端小叶开始，发病时由叶尖端开始，沿支脉之间成楔形发展，由外及里，初为水浸状，病斑展开后成黄褐色，边缘有深浅相间的纹状线，病健组织界限明显。果实发病多由残留的花瓣、柱头或花托侵染发病，分别向果实和果柄扩展，病斑沿花托周围逐渐蔓延果面，致整个果实成灰白色，上面覆盖厚厚的灰色霉层，果实成水腐状。从脐部发病的病斑呈灰褐色，边缘有一深褐色的带状圈，与健康组织有明显的界线。茎部感病最初为呈水浸状小斑点，向上向下发展后，变成长圆形或长条状病斑，病斑浅褐色，潮湿时表面生有灰色霉层，严重时病斑变为灰褐色，病斑以上部分枝叶枯萎死亡。

防治方法：选用抗病品种；用无病的种子播种；合理密植和整枝抹杈，保持田间良好的通风和透气性；采取地膜覆盖栽培措施，降低地面的湿度。发病初期，保护地栽培番茄可选用 40％嘧霉胺悬浮剂 30 毫升/亩，或 50％啶酰菌胺悬浮剂 30 克/亩，或 50％腐霉利悬浮剂 50 克/亩，对水 50 千克喷雾。7～10 天喷一次，连续防治 2～3 次。保护地栽培也可以用 45％百菌清烟剂，或 10％速可灵烟剂，或 3％噻菌灵烟剂熏棚，或用 5％百菌清复合粉尘剂，或 10％灭克复合粉尘剂防护。注意在采收前 10～15 天不要用药。

（2）番茄叶霉病 番茄叶霉病也称为黑毛病，主要为害保护地番茄，以叶片受害为主。发病初期，叶片背面出现椭圆形或不规则形淡绿色病斑，继续发展后，病斑颜色变为浅黄色，条件适宜时病斑背面长出灰白色霉层，后颜色变深，呈灰紫色、灰褐色或暗褐色绒状物。病斑的正面没有明显的边缘，一般不长霉层，但条件适宜时，也可长出暗褐色霉。叶片发病多从下部老叶开始，逐渐向上发展，严重时整株叶片卷曲、变褐色，并逐渐干枯。

防治方法：选用抗病品种；加强栽培管理。发病初期可选用 25％嘧菌酯悬浮剂 90 毫升/亩，或 70％甲基硫菌灵可湿性粉剂

55 克/亩，或 2％春雷霉素水剂 175 毫升/亩，对水 50 千克喷雾。7～10 天喷一次，连续防治 2～3 次。保护地内可用 5％百菌清粉尘，或 7％叶面净粉尘，或 10％敌托粉尘等粉尘剂，或 45％百菌清烟剂进行防治，每周一次。注意在采收前 10～15 天不要用药。

（3）番茄病毒病　番茄病毒病主要有以下 4 种表现形式：

①条斑坏死。叶片发病出现云状或茶褐色斑点，叶脉发生坏死，花叶或有或无。茎干发病初为暗绿色条纹，逐渐发展成黑褐色下陷条斑，变色不深入茎内，仅限表层组织。果实发病，果面上散布条形或不规则形坏死斑，成暗褐色凹陷，病部油浸状。

②蕨叶。心叶细长狭小，呈螺旋状下卷。发病严重时，病株不同程度地矮化，中下部叶片也纵向上卷，微卷或卷成管状，主脉稍扭曲；病叶叶背微现花斑，叶脉淡紫色；花冠增大，腋芽发育成丛枝状侧枝。

③花叶。轻度花叶一般微显斑驳，严重时叶片出现黄绿相间或深浅色相间的斑驳，叶脉透明或变紫色，新叶变小，植株下部多卷叶。病株一般不明显矮化，果实呈花脸状。

④卷叶。发病株矮小、多丛枝，叶脉间变黄，小叶由边缘向上卷曲，呈球状，或扭成螺旋状。

防治方法：选用抗病品种；轮作换茬，发病严重的地块应与其他非茄科作物轮作 3 年以上；种子消毒；防治蚜虫、白粉虱，减少病毒的传播；苗期分苗前后和定植前后用 NS-83 增抗剂喷洒，可增强植株的抗病毒能力，减少发病；有条件的地方还可用卫星病毒 S52 和弱毒疫苗 N14 于苗期加金刚砂后用高压枪喷洒，增强植株抗性。发病初期，叶面喷糖或豆汁、牛奶等，可减缓发病，与药一起使用，也能够增强药剂的防治效果。药剂防治可选用 1.5％植病灵乳剂，或 20％病毒 A 可湿性粉剂，或抗毒剂 1 号，或高锰酸钾 1 000 倍液交替喷洒防治，每周一次，直到控制发病为止。注意在采收前 10～15 天不要用药。

(4) 番茄早疫病 番茄早疫病对植株的叶、茎、果实均能造成为害。叶片发病时，先是在叶片上形成极小的退绿斑，病斑圆形至椭圆形，扩大后直径达 1～2 厘米，边缘多具有浅绿色或黄色晕环，中间有同心轮纹，轮纹上有毛刺状不平坦物。病叶由植株下部向上部发展，严重时老叶完全枯萎死亡。叶柄发病形成椭圆形轮纹斑，深褐色或黑色，病斑很少绕茎一周。茎部病斑多出现在分枝处，褐色至深褐色，呈椭圆形或不规则形，凹陷或不凹陷，表面长有灰黑色的霉状物，严重时引起断枝。果实一般在蒂部周围或裂缝处发病，病斑近圆形或不规则形，褐色或黑褐色、稍硬、凹陷，具有同心轮纹，其上长有黑霉，严重时果实提前脱落。

防治方法：选用抗病品种；用无病的种子播种；合理密植和整枝抹杈；采取地膜覆盖栽培措施，降低地面的湿度。发病初期，选用 25%嘧菌酯悬浮剂 34 克/亩，或 52.5%霜脲氰·恶唑菌酮可湿性粉剂 40 克/亩，对水 50 千克喷雾。7～10 天喷一次，连续防治 3～4 次。保护地栽培番茄可交替用 5%的百菌清复合粉尘剂和 45%的百菌清烟雾剂防治，每周一次。注意在采收前 10～15 天不要用药。

(5) 番茄脐腐病 番茄脐腐病也称为顶腐病，属于生理性病害，主要由缺钙引起的。多发生在果实膨大盛期，发病初期，果实顶部出现暗绿色水浸状病斑，以后病斑变为黑褐色，并凹陷，如栽培环境得不到改善，病斑将继续扩大到半个果以上，并且病部变成暗褐色或黑褐色，果形成扁平状，果实的健康部分提早变红。病部果皮革质化、柔韧坚实，不易撕开，不腐烂，其下部果肉溃败、收缩、变黑。发病后期，空气湿度较大时，发病处往往腐生一些黑色的霉层。

防治方法：选用抗病品种，一般尖形果以及果面光滑的品种较为抗病；叶面补钙，坐果后叶面喷洒 1%～2%的过磷酸钙浸出液，或 0.5%的氯化钙溶液，每 7～10 天一次，连喷 2～3 次。

对严重缺钙的地块，应在整地施肥时，在底肥中施入适量的石灰或过磷酸钙、钙镁磷肥等，一般每亩地块施肥量不少于 100千克。

88. 番茄的主要虫害有哪些？如何防治？

（1）蚜虫　危害主要表现为以成虫和若虫直接吸食植株的汁液，造成嫩叶卷曲皱缩，成龄叶上产生退绿斑点，叶片发黄，老化，生长缓慢。蚜虫在叶片、果面及茎秆上分泌的蜜露，还能引起煤污病。另外蚜虫还是番茄病毒病的主要传播媒介。

防治方法：选用抗蚜虫品种，一些植株表面带有密集茸毛的番茄品种，如毛粉 802、茸丰等的抗蚜虫效果比较好，可优先选用；用驱蚜效果比较好的银灰色膜覆盖地面，或在田间张挂 10～15厘米宽的薄膜条，可以有效地驱避蚜虫；在田间悬挂黄板诱蚜。保护地栽培番茄，应在棚膜的通风口处覆盖防虫网，把蚜虫挡在棚室外，也可以通过高温闷棚法灭杀蚜虫。药剂防治可选用 25％噻虫嗪水分散剂 14 毫升/亩，或 1％除虫菊素·苦参碱微胶囊悬浮剂 50 毫升/亩，或 5％啶虫脒乳油 40～60 毫升/亩，对水50 千克喷雾。7～10 天喷一次，连续防治 2～3 次。保护地栽培可用 22％敌敌畏烟剂熏杀。注意在采收前 10～15 天不要用药。

（2）白粉虱　主要以成虫和若虫在叶片背面和嫩茎上吸吮植株汁液，使叶片退绿、斑驳，甚至黄花萎蔫，导致植株生长衰弱，严重时可枯死。另外，白粉虱在吸吮植株汁液的同时，还分泌蜜露污染叶片、果实等，发生煤污病，降低果实的商品价值。白粉虱也还是番茄病毒的主要传播媒介。

防治方法：选用抗虫品种，一般一些抗蚜虫的品种，对白粉虱也有一定的抗性；覆盖防虫网以及高温闷棚；发现白粉虱时，可用丽蚜小蜂"黑蛹"进行食杀，每株放蜂 3～5 头，每 10 天左右一次，连放 3～4 次。药剂防治方法参照蚜虫进行。注意在采收前 10～15 天不要用药。

第四章 辣椒生产技术

一、认识辣椒

89. 辣椒对栽培环境有哪些要求？

（1）温度 辣椒对温度要比较严格。发芽适温为25℃，高于35℃，低于15℃不易发芽。开花结果期适温为日温25～28℃，夜温15～20℃，温度低于10℃不能开花，已坐住的幼果也不易膨大，还容易出现畸形果。温度低于15℃受精不良，容易落花；温度高于35℃，花发育不全或柱头干枯不能受精而落花。

（2）光照 辣椒属耐弱光作物，光照过强会因加强光呼吸而消耗更多养分。辣椒对光周期要求不严，光照时间长短对花芽分化和开花无显著影响，10～12小时短日照和适度的光强能促进花芽分化和发育。

（3）水分 辣椒既不耐旱也不耐涝，须经常供给水分，并保持土壤较好的通透性。干旱易诱发病毒病，淹水数小时，植株就会萎蔫死亡。空气相对湿度要求以80%为宜，过湿易引发病害；空气干燥，又严重降低坐果率。

（4）土质 辣椒适宜土质疏松、通透性好的土壤，切忌低洼地栽培。适宜土壤pH6.2～8.5。

（5）肥料 辣椒是需肥量较多的蔬菜，每生产1 000千克辣椒需氮（N）3.5～5.4千克、磷（P_2O_5）0.8～1.3千克、钾（K_2O）5.5～7.2千克。从初花至盛花结果吸收氮素最多，盛花至成熟期对磷、钾的需要量最多，在成熟果采收后为了及时促进枝叶生长发育，这时又需要大量的氮肥。辣椒根系耐肥力较差，一次性施肥量不宜过多，否则易发生烧根等各种生理障碍。

90. 辣椒植株有哪些特点？对生产有哪些指导作用？

（1）根　辣椒根系分布较浅，初生根垂直向下伸长，经育苗移栽，主根被切断，发生较多侧根，主要根群分布在10～20厘米土层中。根系发育弱，再生能力差，根量少，栽培中需要对根系进行保护。

（2）茎　辣椒茎直立生长，腋芽萌发力较弱，株冠较小，适于密植。主茎长到一定节数顶芽变成花芽，与顶芽相邻的2～3个侧芽萌发形成二杈或三杈分枝，分杈处都着生一朵花。主茎基部各节叶腋均可抽生侧枝，但开花结果较晚，应及时摘除，减少养分消耗。

辣椒的分枝结果习性很有规律，可分为无限分枝与有限分枝两种类型。无限分枝型植株高大，生长期长，绝大多数品种属此类型。有限分枝型植株矮小，主茎长到一定节位后，顶部发生花簇封顶。

（3）叶　辣椒单叶互生，卵圆形或长卵圆形，叶片面积小，适于密植。

（4）花　辣椒的花为完全花，花较小，花冠白色，营养不良时短柱花增多，落花率增高。辣椒属常自交作物，天然杂交率10%左右。

（5）果　辣椒果实为浆果，果皮与胎座组织分离，形成较大空腔。果形有灯笼形、方形、羊角形、牛角形、圆锥形等。成熟果实多为红色或黄色，少数为紫色、橙色或咖啡色。要根据当地的消费习惯选择品种。

（6）种子　辣椒种子扁平肾形，表面稍皱，浅黄色，有辣

味，种子革质化，不易吸水。种子发芽年限能保持 5～6 年，但
1～2 年的种子发芽率最高。

91. 辣椒栽培品种主要有哪些类型？

按果实的形状，一般将栽培辣椒分为灯笼椒、牛角椒、羊角
椒、线椒等几种。

（1）灯笼椒 该类品种植株粗壮高大，叶片肥厚，椭圆形或
卵圆形，花大，果大，果实基部凹陷，果实形状扁圆形、圆形、
圆筒形或钝圆锥形，果实红色、黄色、紫色等，味甜少辣或不
辣。根据果实形状和大小不同，灯笼椒又分为以下 3 个品种
类型。

①大甜椒。植株高大直立，茎粗节短，叶片肥厚，生长势旺
盛，中晚熟，抗病丰产。果实圆筒形或钝锥形，有 3～4 个心室，
果实也有 3～4 条纵沟，果肩较大，果肉厚，味甜，辣味少。

②大柿子椒。植株较高大，稍开张，叶片较肥厚，生长势强
或中等，果实扁圆形，纵沟较多，果肉较厚或中等，中晚熟，个
别品种较早熟，味甜，稍有辣味。

③小圆椒。株冠中等，稍开张，果实扁圆，果形较小，果皮
深绿而有光泽，肉较厚，微辣，适合腌制。

灯笼椒属于大果型、甜椒类辣椒，栽培量最大，特别是大辣
椒和大柿子椒，不仅是北方地区主要的栽培辣椒品种类型，而且
也是全国各地保护地辣椒生产的主要品种类型。

（2）牛角椒 该类品种植株生长势强或中等，植株大小中
等，稍开张；果实下垂，粗大，牛角形，横径 3 厘米以上，果实
长度与横径比例 3～5：1，果肉厚；微辣或辣。

植株抗病能力强。与灯笼椒相比较，牛角椒的产量一般偏
低，故栽培方式上以露地栽培为多，保护地栽培以塑料大棚春秋
栽培为主，温室栽培不多。

（3）羊角椒 该类品种植株生长势强或中等，植株大小中

等，稍开张；果实下垂，羊角形，一般果实长度与横径比例 6～8：1，果肉厚或薄，味辣，坐果数较多。

植株抗病能力强，栽培方式上以露地栽培为多，保护地栽培以塑料大棚春秋栽培为主，温室栽培不多。

（4）线椒 该类品种植株生长中等，植株大小中等，稍开张；果实下垂，线形稍弯曲或果面皱褶，细长，一般横径 1.5 厘米以下，果实长度与横径比例 10～13：1，果肉薄，味辣，坐果数较多，多做干椒栽培。植株抗病能力强。

此外，按用途不同将辣椒又分为菜椒、干椒、水果椒等。

（1）菜椒 又称为青椒，以采收绿熟果鲜食为主，果实含辣椒素较少或无。植株高大，长势旺盛，果实个大肉厚。

（2）干椒 又名辛辣椒，以采收红熟果制椒干为主。果实多为长椒型，辣椒素含量高。

（3）水果椒 又名彩色辣椒。果实灯笼形，颜色多样，在绿熟期或成熟期呈现出红、黄、橙、白、紫等多种颜色。根据果实的颜色变化不同，水果椒又分为转色品种（即幼果绿色，果实成熟时呈现出不同的颜色）和本色品种（即幼果期就表现出应有的颜色）两种类型。水果椒色泽亮丽、汁多味美、营养价值高，适合生食，一般切成条状，蘸调料食用。熟食时，该类品种果实质地变软，口感不佳。

92. 优良辣椒品种主要有哪些?

（1）日本圣峰尖椒王 F_1 品种早熟，单果重 150～200 克，果长 28～35 厘米，最长可达 42 厘米，果径 4.8～5.8 厘米，果实浅绿色，果肉厚，耐贮运。抗病疫病及多种土传病害，连续坐果能力强，果实生长速度快，产量高。适合日光温室越冬栽培及塑料大棚春秋栽培。

（2）红奥冠 由荷兰引进的一代杂交品种。早熟，无限生长型，植株长势旺盛，连续坐果能力强，果形方正，四心室率高，果实纵茎 12 厘米左右，横茎 10 厘米左右，果肉厚 0.8～1 厘米，单果重 450～500 克。青果熟期光泽度好，果皮平，绿色，成熟时颜色由深绿转为亮红色。商品果可做红椒或青椒采收。高抗烟草花叶病，细菌性角斑病，亩产 10 吨左右，适合早春、秋延、拱棚、露地、越冬大棚种植，每亩定植 1 800～2 200 株。

（3）盛威 1 号　由荷兰引进的一代杂交品种。植株长势强，在低温、弱光条件下能连续坐果，不坠秧。果实长灯笼形，果长 15 厘米，直径 10 厘米，单果重，250～350 克，果可达 600 克以上。果皮深绿色，光亮，肉厚、微甜、整齐度高，商品性极好。耐低温、抗高温、早熟、抗病、丰产、耐储运，亩产 10 吨以上，适应冬暖式大棚，春、秋拱棚及露地栽培。

（4）奥冠 5 号　由荷兰引进的中早熟一代杂交品种。属大果厚皮型品种。果实方灯笼形，四心室率高，果色绿，光亮度好，果皮厚 0.8 厘米。单果重 300 克，最大可达 600 克，综合抗逆、抗病性强，高低温反应不敏感。高抗细菌性叶斑，抗病毒病、炭疽病等病害，适合露地保护地种植。

（5）纳维斯　方形果杂交种，植株生长旺盛；中型果，果肉厚，四心室率高；果型 8.8 厘米×8.8 厘米，单果重 200～220 克；果实成熟后由绿色转亮黄色，颜色漂亮；品质好，商品性极佳，抗病性强，产量高，耐储运；抗热性好，适合北方大棚越夏及温室早秋栽培。

（6）巨陇 828　一代杂交品种，早熟。10 节左右开始坐果，果实羊角形，果长 42 厘米，宽度 3.5～4 厘米，单果重 60 克。果基部有褶皱，果青绿色，熟果红色，品质佳，辣味浓，香辣。生长旺盛，节间短，坐果率高，连续结果能力强，膨果快，产量高，亩产万斤以上。抗寒、耐热性、抗病性强。适合北方大棚越夏及温室栽培，每亩种植 3 500 株左右。

（7）娇美 7 号　早熟品种。果实长灯笼形，果长 16～20 厘米，粗 5～6 厘米，单果重 70～150 克，味辣，皮薄皱，商品性好。连续坐果能力强，耐低温弱光，耐储运，耐挤压。丰产性好，亩产 7 000 千克左右，适合春秋大棚及露地栽培，亩栽 3 000 穴左右。

（8）东方红 由法国引进。植株生长健壮，节间短，植株紧凑，正方形，平均单果重 240 克左右，单株采果 20 个以上，果肉厚，果皮光滑，成熟后颜色艳红，适宜温室和塑料大棚越冬及早春栽培。

（9）金玉大青椒 早熟，膨果速度快，果长 20～25 厘米，果粗 4.5～5.5 厘米，果肉厚 0.4 厘米，单果重 150～180 克，单株可结 3 两以上的果 15 个以上。丰产性能出类拔萃，适应范围广，已在山东、安徽、江苏、河南、湖北、广西等地大面积推广。

（10）正大 118 甜椒 早熟品种。果实方灯笼形，果面光滑，颜色亮丽，浅绿色；单果重 200～250 克。生长势强，植株节间短，不易徒长；连续坐果能力强，膨果速度快，产量高，亩产高达 6 000 千克；耐高温，抗叶斑病、疫病，适合北方大棚越夏及温室栽培，定植密度 2 000 株左右。

93. 怎样选择辣椒品种？

（1）根据所选用的栽培模式选择品种 要求所选用的辣椒品种与所选的栽培模式相适应。一般来讲，选择栽培期短的栽培模式时，应优先选用早熟品种；选择栽培期较长的栽培模式时，应选择生产期较长的中晚熟辣椒品种。露地栽培宜采用耐热、抗病、生育期长的中晚熟品种；用塑料大棚进行春恋秋栽培时，应选择耐寒、耐热力强、适应性和丰产性均较强的中晚熟辣椒品种；温室栽培宜选用耐寒、耐弱光、生长势强、座果能力强、抗病、丰产、味甜或微辣的品种。

（2）根据当地的消费习惯和外销地的消费习惯选择品种 要求所选用的辣椒品种在果实的形状、颜色等方面适合消费习惯。

一般来讲，南方地区较喜欢辣味较浓的辣椒品种，北方地区则相对较喜欢辣味较淡的辣椒品种；就果形来讲，南方地区比较喜欢牛角椒、羊角椒等长椒类品种，北方地区则相对比较喜欢大甜椒、柿子椒等大果类品种。

（3）根据当地辣椒病虫害的发生情况选择品种　露地栽培辣椒必须选用抗病毒病、日烧病、疫病以及炭疽病能力强的品种；冬春季保护地内栽培辣椒，要求所用品种对辣椒枯萎病、疮痂病、青枯病、软腐病等主要病害具有较强的抗性或耐性。

二、辣椒育苗技术

94. 辣椒的育苗方式主要有哪些？

（1）温室育苗　温室的温度较高，易于培育出适龄壮苗，主要用来培育早春塑料大棚、日光温室辣椒栽培用苗，是目前专业化辣椒育苗以及蔬菜产区农户的主要育苗方式。

（2）塑料大棚育苗　塑料大棚空间大，并且易于进行多层保温覆盖，适合进行辣椒育苗。但由于受塑料大棚增温和保温能力差的限制，低温期育苗需要采取增温、保温措施。目前多用于春、秋两季的辣椒育苗。

（3）风障阳畦育苗　风障阳畦空间较小，低温期温度偏低，育苗时间较长，一般需要 80～90 天，辣椒苗的质量也较差。多用于远郊区培育露地栽培辣椒用育苗。

（4）小拱棚育苗　小拱棚内的空间较小，温度低，育苗较晚，育苗期也比较长，主要用于早春露地栽培辣椒育苗，冬季育苗时要与其他大型育苗设施结合进行。

95. 辣椒生产对种子质量有哪些要求？

在生产中，辣椒种子质量的要求是：品种纯度不低于 95％，品种净度不低于 98％，种子发芽率不低于 80％，含水量不高于 8%。

96. 播种前应对辣椒种子做哪些处理?

（1）选种　剔除杂物以及颜色、形状有异的种子，破碎的种子以及发霉、畸形、变色、小粒的种子也应剔掉。

（2）晒种　晒种能够提高种温，降低含水量，增强种子的吸水能力，提高发芽势。另外，对一些新种子进行晒种，还能够促进后熟，提高发芽率。一般晒种 1～2 天。

（3）消毒　主要对种子上携带的病菌及虫卵等进行灭杀，避免或减少苗期病虫危害。辣椒种子消毒主要有药剂消毒和高温灭菌两种方法。

种子药剂消毒主要选用硫酸铜或农用链霉素液浸种。

硫酸铜浸种：先将种子用清水浸 4～5 小时，再用 1% 的硫酸铜溶液浸 5 分钟，取出种子用清水冲洗干净后再播种或催芽，或用 1% 的生石灰浸一下，中和酸性后再播种。该法对预防辣椒炭疽病和疮痂病的效果较好。

农用链霉素液浸种：先将种子用清水浸 4～5 小时，再用 1 000 毫升/升的农用链霉素液浸种 30 分钟，水洗后再催芽。该法对防止疮痂病、青枯病效果较好。

高温灭菌常用温汤浸种法。具体做法是：先用温度为 25～30℃的温水浸种 15 分钟左右，然后用温度为 55～60℃的热水浸种 10～15 分钟，之后转入温水浸种。

（4）浸种催芽

①温水浸种。用温度 25～30℃的温水浸种，一般浸种 5～6 小时。也可以结合种子消毒进行浸种。

②催芽。用湿布包住种子，把种子包吊挂到温度适宜的室内，催芽适温为 25～30℃。催芽期间要保持种子包内种子疏松、种皮湿润、透气性良好。每隔 10～12 小时用新鲜的温水淘洗种子一遍，洗去种子表面上的黏液，然后晾去种皮上多余的水分或

用干布擦干种皮上的水珠，包起种子继续催芽。条件适宜时，一般催芽 4 天左右后即可开始发芽。

97. 辣椒育苗钵育苗应掌握哪些技术要点？

（1）配制育苗土　用未种过辣椒、茄子、番茄的大田土（必须过筛）5 份、充分腐熟的优质农家肥 5 份。混拌肥土时，每立方米土中再混入 1.5 千克左右的复合肥、50％的多菌灵可湿性粉剂 150～200 克、40％辛硫磷乳油 150～200 毫升，对育苗土进行灭菌消毒，预防苗期病虫害。

将育苗土堆置 1 周左右后，用直径 10 厘米以上的塑料钵盛土育苗。

（2）播种　播种前在苗畦周围用 50％多菌灵可湿性粉剂 500 倍液喷雾防病，然后结合浇水，在育苗钵中部冲出 1 个深约 1 厘米的孔，每孔平放一粒发芽的种子，然后覆土 1.0～1.5 厘米厚。播种后覆盖地膜，并在苗床上搭拱棚，覆盖棚膜。

（3）苗期管理　播种后保持苗床温度 25～30℃。高温期辣椒育苗主要是防高温管理。防高温常用的措施为出苗前对苗床遮阴，出苗后勤向苗床喷水。低温期育苗主要是围绕着苗床的增温和保温来进行温度管理。苗床增温常用措施有铺设电热线、放置火盆或热水袋等。苗床保温常用措施主要有扣盖小拱棚、覆盖草苫或纸被等。

低温期育苗一般种子开始顶土时撒一次土，出齐苗后撒第二次土，每次撒土厚 0.3 厘米左右。高温期育苗要防止育苗土干燥、板结。

当苗床内约有半数的幼苗出土后，揭去地膜，加强通风，把苗床白天温度降低到 25℃左右，夜间的温度 12～15℃。齐苗后，苗床白天温度 25～30℃，夜间温度 15℃左右。育苗钵育苗容易发生缺水干旱，应适量浇水，保证水分供应。定植前一周左右开始炼苗。炼苗时先把苗床白天温度降到 25℃左右，夜间温度降到 10～12℃。3 天后再把白天温度降到 20～25℃。

（4）壮苗标准　秧苗茎高 18～25 厘米，有完好子叶和真叶
9～14 片，茎粗壮，现花蕾，根系发达，无病虫危害的幼苗。温
室内育苗，一般需要 80～90 天，如采用电热温床，育苗期可缩
短至 70～75 天。

98. 辣椒穴盘育苗应掌握哪些技术要点？

（1）穴盘选择与消毒　选择 72 孔或 105 孔的穴盘。旧穴盘
重复使用前需要进行消毒处理，具体做法是：先清除苗盘中的残
留基质，用清水冲洗干净（比较顽固的附着物用刷子刷净）、晾
干，并用多菌灵 500 倍液浸泡 12 小时或用高锰酸钾 1 000 倍液
浸泡 30 分钟消毒。穴盘量比较大时，可将洗干净的穴盘放置在
密闭的房间，按每平方米 34 克硫黄＋8 克锯末的用量在房内点
燃熏蒸，密闭一昼夜。

（2）配制育苗基质　选用优质的草炭、珍珠岩和蛭石，按
6∶3∶1的比例混合，每立方米基质再加入氮磷钾复合肥（15∶
15∶15）1～2 千克，同时每立方米基质再加入 60％多·福（苗
菌敌）可湿性粉剂 100 克进行消毒。搅拌时加入适量水，使基质
含水量保持 50％～60％，以手握成团、落地即散为宜。将配好
的基质用薄膜密封，48 小时后即可使用。

（3）种子处理　辣椒穴盘育苗一般用催芽后的种子播种。种
子消毒处理以及浸种催芽处理操作参照种子处理部分。

（4）基质装盘　将穴盘放平，把拌好的基质装入穴盘中。装
盘时要注意，装到穴盘每穴中的基质要均匀、疏松，不能压实，
也不能出现中空。

（5）播种与出苗　将装好的穴盘用压穴器压出播种穴后进行
播种。压穴时需调整好压穴器，每穴压的深度要均匀一致，穴深
0.5～0.8 厘米。每穴播 1 粒带芽的种子，种子平放在穴孔中间，
播完后覆盖一层消毒的蛭石。

将播好的育苗盘平放在苗床上，喷匀、喷透水，喷至每穴滴水为宜。冬季育苗，育苗盘上要覆盖一层薄膜，保温保湿。夏季育苗要用遮阳网适当遮阴，避免强光照射。种子出苗前要适当补水，使育苗基质保持适宜的持水量，利于出苗。

（6）苗期管理

①温度、湿度管理。辣椒苗生长的适宜温度为白天 25～30℃，夜间 18～22℃，基质温度保持在 20～25℃，空气湿度以70％～80％为宜。

②肥水管理。苗出齐后，选晴暖天将基质喷透水，保证幼苗对水的需要。结合喷水每 5～7 天浇 1 次肥水，可选用磷酸二氢钾，浓度以 0.1％～0.125％为宜。结合肥水管理，可加入甲壳素等植物诱导剂，增强幼苗抗逆性。2 片真叶后适当控制水分，防止幼苗徒长，培育壮苗。

③秧苗调控。如果辣椒苗出现细弱徒长时，可用多效唑叶面喷洒或随水浇灌，浓度以 25 克/千克为宜。

（7）壮苗标准　幼苗茎秆粗壮，节间短，根系发达，白色须根多，出苗整齐，无病虫为害，苗龄 80 天左右，株高 16～18 厘米，茎粗 4.0～4.5 毫米，叶面积达到 110 厘米^2，具有 6～7 片真叶并现小花蕾（图 4-1）。

图 4-1　辣椒穴盘育苗

三、辣椒露地栽培管理技术

99. 怎样确定露地辣椒的育苗期与定植期?

北方各地因气候原因，育苗期与播种期差异较大。我国部分城市的露地辣椒育苗期与定植期见表 4-1。

表 4-1 我国北方部分城市的露地辣椒的育苗期与定植期

城市名称	栽培季节	育苗期（月/旬）	定植期（月/旬）	收获期（月/旬）
北京	春茬	1/下～2/下	4/中、下	6/中～7/下
	秋茬	6/中～7/上	7/下	9/上～10/上
济南	春茬	1/中～1/下	4/中、下	6/上～7/下
	秋茬	6/下	7/中	9/中～10/中
西安	春茬	1/上	4/上	6/上～7/中
	秋茬	7/下	8/下	10/上～11/上
兰州	春茬	2/下	4/下～5/上	6/下～8/上
太原	春茬	2/上	4/下～5/上	6/下～9/中
沈阳	夏茬	2/下	5/中	6/下～7/下
哈尔滨	夏茬	3/中	5/中、下	7/中～8/下

100. 露地辣椒定植应掌握哪些技术要领?

（1）定植时期要适宜 要在当地露地终霜结束、最低气温稳定在 2℃以上后，开始定植，定植时间不要过早。但如果采取改良地膜覆盖栽培形式，可根据地膜覆盖情况适当提前 5～7 天定植。

（2）整地做畦 春季露地辣椒的栽培时间比较长，需肥量大，应施足底肥。结合翻地，每亩深施优质有机肥 5 米^3 以上、磷酸二铵 50 千克左右、钙镁磷肥 100 千克左右。整平地面后起垄或做高畦，将来将辣椒苗定植在垄上（一垄单行，也可定植后再培垄）或高畦的两侧（图4-2）。

图4-2　辣椒高畦栽培

（3）要选连晴暖天定植　大小苗要分区定植。定植后浇足定植水，并覆盖地膜（或提前1周覆盖地膜，定植时在膜上打孔栽苗）。

（4）要合理密植　春季露地栽培辣椒，进入夏季后容易受到强光危害，因此要适当密植，以确保入夏前茎叶能够将地面封垄，防止阳光直射地面。

适宜的种植密度为：大行距75厘米、小行距40厘米，穴距35厘米，每穴双株，每亩栽苗6 600株左右。

101. 露地辣椒怎样进行肥水管理？

定植时浇足定植水后，缓苗期间不再浇水。定植一周左右后，辣椒苗的心叶开始生长，表明已经缓苗，要及早浇一次缓苗水。缓苗水后控水蹲苗，到坐果前，地不干旱不浇水，发生干旱时，也要在开花前或开花初期浇小水，严禁在盛花期浇水。

春季温度低，辣椒定植后生长比较缓慢，发棵晚，要在缓苗后，结合浇缓苗水，冲施一次氮肥，促早发棵。之后到坐果前不再追肥，如果地里的秧苗大小差异太大，应在开花前对一些小苗追一次偏心肥。

植株坐果后，要及时浇水，并追一次肥。每亩用复合肥 25 千克，结合沟低松土划入（大）垄沟内。施肥后要勤浇水，经常保持地面湿润。

门椒采收前追第二次肥，每亩用水溶性复合肥 20 千克，冲施于入垄沟内。

盛夏期间，因受高温的影响，辣椒生长比较缓慢，要减少施肥，结合浇水在大小垄沟内冲施尿素 15 千克/亩 1～2 次。勤浇水，保持地面湿润，雨后排涝。

入秋后，气候开始变凉，植株进入第二个结果高峰期，要及时追肥浇水，促叶保秧，防止早衰。至拔秧前一般冲施肥 2 次即可，追肥种类以氮肥为主。

早春和晚秋浇水应安排在温度偏高的中午前后，夏季浇水应安排在凉爽的早晚进行。

102. 露地辣椒怎样进行植株调整？

露地辣椒越夏栽培选用中晚熟品种，植株生长势强，应及时整枝，并适当多留结果枝，以早使地面封垄。一般当侧枝长到 15 厘米左右长后开始整枝。整枝时，将门椒下发生的侧枝及早抹掉，封垄后，勤整枝，将田间枝干过于密集处适当疏剪，保持良好的通风透光性。

四、辣椒保护地栽培管理技术

103. 辣椒保护地栽培模式主要有哪些？

目前辣椒生产上推广的保护栽培模式主要有春季小拱棚早熟栽培、春季塑料大棚早熟栽培、塑料大棚春连秋全年栽培、秋冬温室高产栽培、冬春温室高产栽培、温室连年栽培等几种。

各栽培模式因其栽培季节和栽培条件不同等原因，其栽培效果相差很大，以辣椒秋冬温室栽培模式和冬春温室栽培模式的栽培效果较好。

104. 怎样确定保护地辣椒的育苗期与定植期？

北方地区的塑料大棚辣椒栽培茬口主要有春茬、秋茬和全年茬栽培，春茬和全年茬的适宜定植期为当地断霜前 30～50 天，秋茬应在大棚内温度低于 0℃前 120 天以上时间播种。

北方温室辣椒各栽培茬口的参考育苗期与定植期表 4-2。

表 4-2　温室栽培辣椒的育苗期与定植期

季节茬口	播种期（月）	定植期（月）	主要供应期（月）	说　明
冬春茬	8	9	11 月至翌年 4 月	
春茬	12 月至翌年 1 月	2～3	4～6	可延后栽培
夏秋茬	4～5	直播	8～10	保护地育苗
秋冬茬	6～7	8～9	10 月至翌年 2 月	

105. 保护地辣椒定植应掌握哪些技术要领？

（1）整地做畦　每亩施入腐熟优质粪肥 5 000 千克，磷酸二铵 50～100 千克，饼肥 100～200 千克、硫酸钾 20 千克，硫酸铜 3 千克，硫酸锌 1 千克，硼肥 1 千克。深翻使肥料与土充分混匀。整平地面后按 0.45～0.5 米和 0.65～0.7 米大小垄距起垄。

（2）定植　辣椒苗的定植深度要适宜，适宜的定植深度为苗坨上面与畦面相平。为方便管理，大小苗要分区定植。定植后封严定植穴，并采用"一膜双垄"的形式用地膜将小垄沟连同相邻两垄一起覆盖严实。

（3）定植时间　低温期选在晴暖天上午定植，高温期选在阴天或晴天下午进行定植。

（4）合理密植　温室辣椒中晚熟品种一般每亩定植 2 700 株左右，生长势较弱的早熟品种每亩 3 000 株左右。甜椒定植密度应比辣椒稀些。

106. 保护地辣椒怎样进行温度和光照管理？

（1）塑料大棚栽培　春季定植后一般闷棚 5～7 天，棚内温度不超过 35℃不放风，以提高棚内温度，促进缓苗。缓苗后日温保持在 25～30℃，高于 30℃时打开风口通风，低于 25℃关闭风口。夜温 18～20℃，最低不能低于 15℃。如遇寒流，应及时加盖二层幕、小拱棚或采取临时加温措施，防止低温冷害。以后随着外界气温的升高，应注意适当延长通风时间，加大通风量，把温度控制在适温范围内。当外界最低温度稳定在 15℃以上时，可昼夜通风。进入 7 月份以后，把四周棚膜全部揭开，保留棚顶薄膜，并在棚顶内部挂遮阳网起到遮阴、降温、防雨的作用。8 月下旬以后，撤掉遮阳网并清洗棚膜，并随着外温的下降逐渐减少通风量。9 月中旬以后，夜间注意保温，白天加强通风。早霜来临期要加强防寒保温，尽量使采收期向后延迟。

（2）温室栽培　定植后缓苗阶段要注意防高温，晴天中午前后的温度超过 35℃时要通风降温或遮阴降温。缓苗后对辣椒进行大温差管理，白天温度 25～30℃，夜间温度 15℃左右；开花结果期夜间温度保持在 15℃以上。冬季要注意防寒，最低温度不要低于 5℃。来年春季要注意防高温，白天温度 30℃左右，夜间温度 20℃左右。

光照管理上，冬季温室应尽量保持充足光照。主要措施有：覆盖透光率比较高的新薄膜；应定期清除覆盖物表面上的灰尘、积雪等，保持薄膜表面清洁；棚膜变松、起皱时，应及时拉平、拉紧，保持膜面平紧；在地面上铺盖反光地膜，在北墙面张挂反光薄膜，可使北部光照增加 50% 左右；在保证温度需求的前提下，上午尽量早卷草苫，下午晚放草苫，白天设施内的保温幕和小拱棚等保温覆盖，也要及时撤掉，保持较长的光照时间；连阴天以及冬季温室采光时间不足时，应进行人工补光。

107. 保护地辣椒怎样进行肥水管理？

（1）浇水管理　大棚栽培辣椒，前期温度低，定植缓苗后浇缓苗水，促发棵。开花坐果期要控制浇水，大部分植株上的门椒长到核桃大小后开始浇水。之后随着温度的升高，逐渐增加浇水量，要求经常保持地面湿润。入秋后气温开始降低，要减少浇水量。

温室栽培辣椒，定植后气温高，要根据土壤的干湿情况适量浇水，既保证水分供应，也要避免引起植株旺长。结果中期，温室内的温度下降比较严重，植株生长缓慢，需水量少，同时地温偏低，应控制浇水量，于中午前后浇水，并且浇小水，地膜下浇水。结果后期，温室内的气温升高，植株生长加快，地温也明显升高，需水量增大，应加强浇水，保持地面湿润。

（2）施肥管理　缓苗后结合浇发棵水冲施一次氮肥，每亩15 千克左右。

温室辣椒结果盛期每 10～15 天追一次肥，尿素、水溶性复合肥与水溶性生物菌肥交替施用；结果后期减少地面施肥，以叶面施肥为主。

塑料大棚辣椒结果盛期每 10～15 天追一次肥，入夏后，结果量下降，应减少施肥，主要施一些氮肥和叶面施肥，保持植株的生长势，防止早衰。入秋后，要增加肥水供应量，以促为主，促早结果、多结果。后期大棚内温度降低后，减少施肥，拉秧前20天左右，停止施肥，只进行适量的叶面追肥。

108. 保护地辣椒怎样进行植株调整？

（1）整枝 大果型品种结果数量少，对果实的品质要求较高，一般保留3～4个结果枝，进行三杈或四杈整枝，其余侧枝随发生随打掉；小果型品种结果数量多，主要依靠增加结果数来提高产量，一般保留4个以上结果枝，进行四杈整枝或多杈整枝，其余侧枝随发生随打掉。

辣椒整枝不宜过早，一般当侧枝长到15厘米左右长时抹掉为宜，以后的各级分枝也应在分枝长到10～15厘米长时打掉，以利于辣椒根系的生长发育。

（2）搭架或吊枝 温室辣椒早熟栽培一般用架杆搭架，固定

图4-3 温室辣椒整枝与吊枝

结果枝，使结果枝均匀分布。辣椒高产栽培一般用吊绳固定结果枝。具体做法是：在每行辣椒上方拉一道 10 号或 12 号铁丝。每根侧枝一根绳，将绳的一端系到辣椒栽培行上方的粗铁丝上，下端用宽松活口系到侧枝的基部。用绳将侧枝轻轻缠绕住、吊起，使侧枝按要求的方向生长（图 4-3）。

（3）再生栽培　结果后期（大棚辣椒进入 8 月份以后），结果部位上升，生长处于缓慢状态，可将对椒以上的枝条全部剪除，用石蜡将剪口涂封，同时清扫干净地膜表面及明沟的枯枝烂叶。腋芽萌发并开始生长后，喷施一次 30 毫克/升的赤霉素，并及时抹去多余的腋芽。新梢长至 15 厘米左右时，每株留 4～5 条新梢，其余的剪除。新梢长至 30 厘米时进行牵引整枝。

109. 保护地辣椒怎样进行花果管理？

（1）保花保果　夏秋季温度高于 35℃ 或冬季低于 15℃ 均不利于植株正常地开花结果，特别是温室冬春茬辣椒的主要结果期在冬季，温室内光照不足，温度上不去，落花严重，需要进行辅助坐果处理。主要措施有激素处理与释放熊蜂授粉。

激素处理：一般用 20～30 毫克/升浓度的 2，4-D 药液在花开放前后 12 小时内，涂抹花柄，为避免同一朵花重复涂抹，应在 2，4-D 药液中混入红色涂料或红墨水，作标记色；也可在花开放时，用 15～25 毫克/升浓度的防落素（番茄灵）药液喷花。

释放熊蜂：开花期每天上午向温室、大棚内释放熊蜂进行授粉。

（2）疏花疏果　结果期，将畸形果、僵果、病虫果等及早摘除。

五、辣椒采收与采后处理

110. 怎样确定辣椒的采收期？

辣椒果实一般在开花授粉后 25～30 天，果实膨大速度变慢，果皮浓绿而富光泽时，即可采收青熟果。门椒、对椒及长势弱的植株上的果实要适当早收，其他各层果实要在充分膨大，果肉变硬、色变深且保持绿色未转红时采收。

彩色辣椒应在果实颜色达到品种要求的色泽，果肉变软前进行采收。

塑料大棚辣椒入秋后，当外界最低气温低于 5℃以前，要将全部果实及时采收，以免受冻。

111. 辣椒采收应掌握哪些技术要点？

（1）要选择晴天早晨或傍晚采收，此时采收的果实含水量大，色泽鲜艳，商品性好，价格高，也有利于提高产量。

（2）采摘要小心，不要伤及果实。最好用无锈的剪刀从果柄基部，留下一小段果柄剪下果实。或者戴上手套，去掉手饰物品，紧紧抓住果实，左右摇动后轻轻向上拉收果实。

（3）采收果实的容器应洁净，内表平滑。果实要轻拿轻放，避免机械损伤。

（4）辣椒枝条较脆，采摘时应注意保护，以免折断枝条，影响产量。

112. 辣椒采后处理主要有哪些？

（1）分级　辣椒商品性状基本要求：新鲜；果面清洁，无杂质；无虫及病虫造成的损伤；无异味。各等级的具体要求如下。

一等规格：外观一致，果梗、萼片和果实呈现该品种固有的颜色，色泽一致；质地脆嫩；果柄切口水平、整齐（仅适用于灯笼形）；无冷害、冻害、灼伤及机械损伤，无腐烂。羊角形、牛角形、圆锥形品种的果实长度要求，大果品种＞15厘米，中果品种10～15厘米，小果品种＜10厘米；灯笼形品种果实横径要求，大果品种＞7厘米，中果品种5～7厘米，小果品种＜5厘米。

二等规格：外观基本一致，果梗、萼片和果实呈现该品种固有的颜色，色泽基本一致；基本无绵软感；果柄切口水平、整齐（仅适用于灯笼形）；无明显的冷害、冻害、灼伤及机械损伤。羊角形、牛角形、圆锥形品种果实长度要求，大果品种＞15厘米，中果品种10～15厘米，小果品种＜10厘米；灯笼形品种果实横径要求，大果品种＞7厘米，中果品种5～7厘米，小果品种＜5厘米。

三等规格：外观基本一致，果梗、萼片和果实呈现该品种固有的颜色，允许稍有异色；果柄劈裂的果实数不应超过2％；果实表面允许有轻微的干裂缝及稍有冷害、冻害、灼伤及机械损伤。羊角形、牛角形、圆锥形品种果实长度要求，大果品种＞15厘米，中果品种10～15厘米，小果品种＜10厘米；灯笼形品种果实横径要求，大果品种＞7厘米，中果品种5～7厘米，小果品种＜5厘米。

（2）包装　果实经过预处理后，按大小分类包装上市。为防止甜椒果实采后失水而出现果皮褶皱现象，应采取薄膜托盘密封包装，可在低于室温条件下或超市冷柜中进行较长时间的保鲜。每个托盘可装2～3个果实（图4-4）。

图4-4　甜椒托盘包装

（3）储运　储运时做到轻装轻卸。最好用冷藏车进行运输，冷藏温度控制在 7～9℃，空气相对湿度保持在 90％～95％。

六、辣椒病虫害防治

113. 辣椒的主要病害有哪些？如何防治？

（1）辣椒疫病　主要发生在结果期，危害辣椒的茎基部，引起茎基部枯死，进而引起整株枯死。晴天白天，植株的叶片出现萎蔫，早晚恢复正常，几天后不再恢复而枯死。拔出病株，可见到茎基部变褐色，并缢缩、干枯，湿度大时，病部上长有白色霉层。

防治方法：种子消毒；起垄栽培，覆盖地膜栽培，不大水淹没茎基部；不偏施氮肥；定植前，用 35％甲霜灵可湿性粉剂 120 倍液浇灌定植沟；发病前，每 7～10 天用百菌清烟雾剂防病一次，或每周一次用甲霜灵锰锌、瑞毒铜等喷洒植株的茎基部；发病初期，选用 72.2％霜霉威水剂 80～100 毫升/亩，或 25％嘧菌酯悬浮剂 35～48 毫升/亩，或 52.5％恶唑菌酮·霜脲氰（抑快净）水分散剂 35～40 克/亩，对水 45 千克喷雾，7～10 天喷 1 次，交替防治 2 次～3 次。注意在采收前 10～15 天不要用药。

（2）辣椒炭疽病　果实发病初期，果面上出现水浸状黄褐色小斑点，进而扩展成近圆形或不规则形病斑，病斑中心部灰褐色，边缘黑褐色，整个病斑凹陷，表皮不破裂，上有隆起的轮纹。轮纹上密生小黑点，潮湿时，病斑表面溢出淡红色的胶状物。空气干燥时，病部干缩成羊皮纸状，易破碎。病果比正常果易红熟，病果内部多组织腐烂，最后干缩于植株上。叶片受害时，初出现褪绿斑点，后发展成中央灰色或白色、边缘深褐色或铁锈色的近圆形或不规则形病斑，病斑上轮生小黑点，病叶容易干缩脱落。

防治方法：种子消毒；合理密植，保持田间良好的通风条件；发病前每7～10天用百菌清烟雾剂防病一次。发病初期，选用80％炭疽福美可湿性粉剂600～800倍液＋20％氟硅唑咪鲜胺800倍液，或50％多菌灵可湿性粉剂500倍液＋20％氟硅唑咪鲜胺800倍液，或70％甲基托布津可湿性粉剂800～1 000倍液，或10％世高水分散性颗粒剂800～1 000倍，每7～10天喷一次，连续喷2～3次。注意在采收前10～15天不要用药。

（3）辣椒疮痂病　也称为辣椒细菌性斑点病，主要引起落叶。叶片发病，初出现水浸状黄绿色小斑点，病斑扩大后呈不规则形，边缘暗绿色稍隆起，中部色浅，稍凹陷。病斑表面粗糙，呈疮痂状。后期病斑连片，引起叶片脱落。茎和叶柄发病，一般产生不规则的褐色条斑，后病斑木栓化，并隆起、纵裂，呈溃疡状。果实发病，初出现暗褐色隆起小点，后扩大为近圆形的黑色疮痂状病斑，潮湿时病斑上有菌脓溢出。

防治方法：播种前用1 000倍的硫酸铜浸种20分钟进行消毒处理；加强通风管理，降低温室内的空气湿度，不偏施氮肥；发病初期，选用72％农用硫酸链霉素可溶粉剂4 000倍液，或47％加瑞农可湿性粉剂600倍液，或新植霉素4 000～5 000倍液，或14％络氨铜水剂300倍液，或77％氢氧化铜可湿性粉剂500倍液，每7～10天喷一次，连续喷2～3次。注意在采收前10～15天不要用药。

（4）辣椒灰霉病　主要表现为叶片呈水渍状软腐，潮湿时生有灰霉。茎、枝发病，产生水浸状暗绿斑，后期变褐并茎湿腐，表皮生有灰霉。病果呈水浸状腐烂，生有灰霉。

防治方法：及时清理田间病叶、病株残体；保护地内尽量提高温度，加强通风，排除湿气；结果期，保护地内每10～15天用10％速克灵烟剂，或45％百菌清烟剂，每亩用药250克熏治；发病初期，交替使用选用25％嘧菌酯悬浮剂30～50克/亩，或40％嘧霉胺悬浮剂75～100克/亩，对水45千克喷雾，7天～10天喷1次，交替防治2～3次。注意在采收前10～15天不要用药。

（5）辣椒病毒病　辣椒病毒病症状常见有花叶、黄化、坏死和畸形 4 种。

①花叶。叶初现明脉和轻微退绿，或浓淡相间的绿色斑驳，病株无明显畸形或矮化，不造成落叶，重型花叶除表现退绿斑驳外，叶面凹凸不平，叶脉皱缩畸形，甚至形成线叶，生长缓慢，果实变小，严重矮化。

②黄化。病叶明显变黄，出现落叶现象。

③坏死。病株部分组织变褐坏死；表现为条斑，顶枯，坏死斑驳及环斑等。

④畸形。病株变形，或植株矮小，分枝极多，呈丛枝状。

防治方法：种子消毒（种子先经清水浸 2～3 小时，再用 10%磷酸钠或 1 000 倍的高锰酸钾溶液浸 20～30 分钟）；适时播种，培育壮苗，在分苗、定植前或花期分别喷洒 0.1%～0.2%硫酸锌提高抗病性，或用 83 增抗剂 600～1 000 毫升/亩加水喷雾；在蚜虫、螨类迁入辣椒地期间，及时防治蚜虫、螨类等。发病初期，选用 20%盐酸吗啉胍铜可湿性粉剂 400～600 倍液，或 15%植病灵 60～120 毫升/亩加水喷雾，每 7 天喷一次，共喷 3～4 次。注意在采收前 10～15 天不要用药。

114. 辣椒的主要虫害有哪些？如何防治？

（1）棉铃虫　以幼虫蛀食植株的蕾、花、果，偶也蛀茎。蕾受害后，苞叶张开，变成黄绿色，2～3 天后脱落。幼果常被吃空或引起腐烂而脱落，成果虽然只被蛀食部分果肉，但因蛀孔在蒂部，雨水、病菌易侵入引起腐烂、脱落，造成严重减产。

防治方法：及时打顶、打杈和摘叶，减少产卵量；及时摘除虫果，压低虫口；在二代棉铃虫卵高峰后 3～4 天及 6～8 天，连续两次交替喷洒苏云金杆菌 HD-1、棉铃虫核型多角体病毒等；幼虫蛀入果内前，可用 4.5%高效氯氰菊酯乳油 3 000～3 500 倍液，或 5%定虫隆乳油 1 500 倍液，或 5%氟虫脲乳油 2 000 倍液，或 10％溴氟菊酯乳油 1 000 倍液等交替喷杀。注意在采收前 10～15 天不要用药。

（2）蚜虫　主要以成虫或若虫群集在叶背面和嫩茎上吸取汁液，造成叶片向背面卷曲，严重时植株生长发育停滞，并能传播各种病毒病。

防治方法：消灭虫源；在设施内挂银灰色薄膜或采用银灰色地膜覆盖，可起到驱避蚜虫的作用；设施通风口增设防虫网或尼龙纱等，控制外来虫源；有翅蚜对黄色有趋性，在瓜蚜迁飞时可用黄板诱蚜；虫害发生初期，选用 25％噻虫嗪水分散剂 14 毫升/亩，或 1％除虫菊素·苦参碱微胶囊悬浮剂 50 毫升/亩，或 5％啶虫脒乳油 40～60 毫升/亩，对水 50 千克喷雾。7～10 天喷一次，连续防治 2～3 次。保护地栽培可用蚜虫专用烟雾剂熏杀。注意在采收前 10～15 天不要用药。

（3）白粉虱　以成虫或若虫群集在叶背面和嫩茎上吸取汁液，使叶片退绿变黄、萎蔫，甚至枯死，分泌的蜜露常引起煤污病，并可传播病毒病。

防治方法：消灭虫源；设施通风口增设防虫网或尼龙纱等，控制外来虫源；人工繁殖释放丽蚜小蜂（按每株 15 头的量释放丽蚜小蜂成蜂），进行天敌防治；温室内设置黄板诱杀；虫害发生初期选用 25％噻虫嗪水分散剂 10～15 克/亩，或 5％啶虫脒乳油 40～60 毫升/亩，或 20％联苯菊酯水乳剂 35～40 毫升/亩，对水 45 千克喷雾。7～10 天喷 1 次，交替防治 2～3 次。设施内也可选用溴氰菊酯烟剂或杀灭菊酯烟剂进行熏烟防治。注意在采收前 10～15 天不要用药。

第五章　菜豆生产技术

一、认识菜豆

115. 菜豆对栽培环境有哪些要求？

（1）温度　菜豆喜温，不耐霜冻，矮生种耐低温能力强于蔓生种。开花结荚适温 18～25℃，温度低于 10℃生长不良，高于 32℃花粉发芽力下降，易落花落荚。露地栽培应在无霜期内进行。

（2）光照　菜豆要求田间强光照与通风良好，多数品种对光周期反应不敏感，各地可相互引种。光照不足以及湿度过大容易落花落果。

（3）土壤　菜豆喜土壤湿润。开花结荚期干旱或阴雨均会引起大量落花落荚，高温干旱时嫩荚生长缓慢，荚小，荚内发育充实的种子数减少，品质粗硬，产量低。

（4）肥料　菜豆根系的固氮能力较弱，对氮、钾吸收较多，对磷的吸收量虽不大，但缺磷易造成植株及根瘤生长不良，开花结荚减少，荚内籽粒少，产量低。另外，菜豆根系的耐肥能力比较差，每次的施肥量不宜过大。菜豆对硼较为敏感，硼肥缺乏容易造成落花落荚。菜豆的根系好气，适宜壤土或沙壤土栽培。

116. 菜豆植株有哪些特点？对生产有哪些指导作用？

（1）根　菜豆主根发达，可深达 90 厘米，根展 60 厘米，主要根群分布在地表 15～40 厘米土层内。吸收能力较强，对土壤要求不严格。出苗后 10 天左右，根部开始形成根瘤，根瘤不甚发达，需要进行氮素施肥。

（2）茎　菜豆茎较细弱，有缠绕性，需要用支架引导茎蔓生长。茎的分枝力强，能够进行连续开花结果。

（3）叶　菜豆的叶片体型较小，相互遮光、挡风能力差，适合密植栽培。

（4）花　菜豆的总状花序，花梗发生于叶腋或茎的顶端，其上着生 2～8 朵花。蝶形花冠。花色有白、黄、红、紫等多种。蔓生菜豆一生开花 80～200 朵，矮生菜豆 30～80 朵。菜豆的花蕾数很多，但坐荚率仅占开花数的 30%～40%，最多达 50% 左右，落花落荚较严重。

植株开花顺序因类型不同而异，矮生种上部花先开，渐及到下部花序，花期 20～25 天；蔓生种下部花序先开，由下而上渐次开放，花期 30～40 天。同一花序基部花先开，渐至先端。

（5）果　菜豆果实为荚果，圆柱形或扁圆柱形，全直或稍弯曲。嫩荚多为绿色，少数有紫色斑纹。种子多为肾形，皮色有黑、白、红、黄及花斑纹等多种。应根据当地的消费习惯选择品种。

（6）种子　菜豆种子较大，小粒种子千粒重在 300 克以下，中粒种子 300～500 克，大粒种子 500～700 克。种子寿命 2～3 年，生产中多用第一年的新种子。

117. 菜豆的栽培品种有哪些类型？

菜豆依茎蔓生长习性分为蔓生种和矮生种。

（1）蔓生种　蔓性种属于无限生长型，茎生长点为叶芽，分枝少，较晚熟，每茎节叶腋可抽生侧枝或花序，播种后 50～70 天开始采收嫩荚、采收期 40～50 天，产量较高，品质佳，种子有黑、白色及杂色，春秋两季均可栽培，主要品种有老来少、九粒白、丰收 1 号等。

（2）矮性种　矮性种属于有限生长型，植株矮生，株高35～60厘米，茎直立，当主蔓生长到4～8节后，茎生长点出现花序封顶，从主枝叶腋抽生侧枝，1～2叶后又出现花序封顶开花，形成低矮株丛，有利于间作、套种。生长期短，早熟，播种至采收嫩荚40～60天，90天可采收干豆，采收期集中，供应期20多天，产量较低，品质较差，可春、秋两季栽培。主要品种有优胜者、供给者、新西兰3号、法国地芸豆、推广者（P40）等。

此外，还可按荚果结构分为硬荚菜豆（荚果内果皮革质发达）和软荚菜豆（嫩荚果肥厚少纤维）；按用途分为荚用种和粒用种。

118. 菜豆的主要栽培品种有哪些？

（1）特级九粒白　植株蔓生，生长势强，叶片心形，淡绿色，中熟，第3～5节见第一花序，花白色，嫩荚淡绿色，成熟荚乳白色，圆棍形，荚长30厘米，无纤维，品质佳，亩产可达4 000～4 500千克。适合春、秋露地和保护地栽培，株行距30厘米×70厘米，每穴4～5粒，亩播种量4千克。

（2）美国加州王　早熟品种。荚长24～30厘米，果实端直粗圆，嫩荚浅绿色，成熟荚乳白色，每荚含9～11颗肾形种子。蔓长240厘米左右，2叶以上每叶都有花序，每一花序可结荚5～10条。播后45天开始采收，采收期长达90～180天，炎热夏季如果管理得当，不撤膜，仍可正常采收。亩产可达4 000～5 000千克，高产田可达6 000千克以上，高抗炭疽病、锈病、疫病。适于塑料大小拱棚、温室及春秋露地种植。适宜株行距40～60厘米，每穴2～3粒，亩用种量3千克。

（3）荷兰超级绿龙王　由荷兰引进。早熟，播种后55天左右上市。嫩荚扁平，荚长35厘米左右，荚宽3.5厘米左右；嫩荚深绿色，纤维少，耐老化，商品性好。植株分枝力强，坐荚率高，亩产高达8 000千克。耐低温，高抗炭疽病，适合温室大棚及春秋露天种植，双株栽培，每亩用种量 4 千克左右，株行距 40～60 厘米。

（4）泰国无筋架豆王　本品种由泰国引进，早熟。嫩荚绿色园长，荚长 30 厘米以上，单荚重 30 克以上，从结荚到成熟无筋，无纤维，荚肉厚，品质优良，商品性好。叶片深绿肥大，株高 350 厘米，有 5 条侧枝，侧枝可继续分枝。花白色，3～4 节着生第一花序，每花序开 4～8 朵，成荚 3～6 个，单株结荚 70～120 个。从播种到收获嫩荚 75 天，亩产鲜豆 5 000 千克以上。高产，抗病，耐热，结荚性稳定，适宜保护地栽培，也是春秋露地栽培的理想品种，亩定植 3 000～3 500 株，播种行株距 55 厘米×40 厘米，每穴播 2 粒，亩播种量 1.5～2 千克。

（5）银条摘不败　早熟品种，蔓生，长势旺盛，株高 3 米左右，叶色深绿，白花，第一花序着生在 2～3 节位，每序着花 4～8 朵，结荚 4～6 个，坐荚率集中。嫩荚青白色，顺直长，荚长 27～33 厘米，横径 1.3～2 厘米，品质鲜嫩，肉厚，无纤维，商品性佳。出苗至采收嫩荚，春播 55 天左右，亩产 6 000～7 500 千克。耐低温，抗病，适合保护地秋延迟栽培。

（6）铭成先锋架芸豆　本品种由荷兰引进，早熟性好。嫩荚顺直不鼓粒，豆荚宽 3 厘米，长 32～38 厘米，色泽深绿，肉厚无纤维，不宜老化，商品性好。植株生长旺盛，分枝力强，坐荚率高，产量高达 8 000 千克以上。适宜温室、大棚保护栽培，以及春秋露地栽培。

（7）绿丰王　早熟，从播种至收获 40 天左右。嫩荚扁平，一般荚宽 3.5 厘米，荚长 30～35 厘米，质地嫩，无纤维，耐老化、品质佳。每荚有籽粒 8～10 粒。植株生长旺盛，分枝力强，坐荚率高，一般每个主节结荚 4～6 个，侧枝结荚率也高，产量高达亩产 7 500 千克。耐低温，抗病力强，适宜温室、大棚及春秋露地种植。

（8）冠芸九号　中早熟品种，植株长势旺盛，叶片深绿肥大，株高 350 厘米以上，基部有 3 条侧枝，侧枝还可分枝。白花，第一花序着生 3～4 节上，每花序有花 4～8 朵，结荚 3～6 个。嫩荚顺直光滑，圆长，绿白色，荚长 26～33 厘米，品质鲜嫩，口感好，无纤维，商品性佳。抗病，耐热，耐低温，再生能力特强，亩产 2 500～4 000 千克，适宜温室、大棚及春秋露地种植。

(9) 绿白 1 号 早熟，蔓生，植株长势旺盛。第一花序着生于第 2～3 节上，花序多，结荚密，产量高。嫩荚青白圆长，长 24～32 厘米，肉厚，鲜嫩无纤维，品质佳。耐低温，抗病性强，适宜春秋露地及保护地栽培。

(10) 优胜者 早熟，北方露地春播，播后约 60 天始收嫩荚。植株生长势中等，株高 38 厘米左右，开展度 44 厘米×46 厘米，分枝性强，结荚多。嫩荚近圆棍形，荚先端弯曲，浅绿色，荚长 14.8 厘米左右，平均单荚重 8.6 克左右，荚肉厚，耐老化，缝线处和荚肉纤维少，品质风味好。抗病毒病和白粉病。一般亩产 1 000～1 250 千克。适于早春露地栽培，株距 27～33 厘米，行距 33～45 厘米，穴播种子 3～5 粒，留苗 2～3 株。

119. 怎样选择菜豆品种？

(1) 根据栽培方式选择品种 露地春季蔓生菜豆宜选用生长势强，丰产优质的中、晚熟品种，其中，蔓生品种可选择丰收 1 号、青岛架豆等；矮生品种可选择优胜者、供给者等。露地秋菜豆应选用耐热、抗病、适应性强，对日照反应不敏感或短日型的中、早熟丰产品种，如秋抗 6 号、秋抗 19 号、冀芸 2 号、双季豆和白架豆等。

温室菜豆以蔓生品种为主，可选绿丰王、架豆王、绿龙王等。矮生品种多在温室前沿低矮处种植。

(2) 根据当地的消费习惯和产品销售低地的市场需求情况选择品种 如北方多数城市较喜欢宽扁的浅绿色品种，而南方则喜欢深绿色的品种。

（3）根据当地菜豆的发病情况选择品种　露地栽培应重点选择抗菜豆锈病、病毒病、根腐病等的品种，保护地栽培则应选择抗细菌性疫病、炭疽病、锈病等的品种。

二、菜豆露地栽培管理技术

120. 怎样确定露地菜豆的播种期？

露地春菜豆应在当地断霜前7～10天，10厘米地温稳定在10℃以上时进行播种。矮生菜豆可比蔓生菜豆早播3～5天。露地秋菜豆宜在当地初霜前90～100天播种，北方多数地区从6月下旬到7月中旬陆续播种，保证霜前有一定的生长期形成产量，矮生菜豆可晚播12～15天。

121. 菜豆生产对种子质量有哪些要求？

在生产中，菜豆种子质量应符合以下标准：种子纯度≥97%，净度≥98%，发芽率≥95%，水分≤12%。

122. 露地菜豆播种应掌握哪些技术要点？

（1）种子选择　选择2年内的种子，剔除畸形、破损、虫咬、发霉等不良的种子。

（2）整地作畦　春菜豆前茬为冬闲地或越冬绿叶菜；秋菜豆前茬为小麦、大蒜、春甘蓝、春黄瓜和西葫芦等，后茬为冬闲地或越冬菠菜。前茬拉秧后要及早清理田园，翻地晒土数日。每亩施腐熟农家肥3 000～5 000千克，过磷酸钙15～20千克，硫酸钾15～20千克作基肥。

北方以平畦为主，畦宽一般1.2～1.4米。东北以垄作为主。

（3）合理密植　春季蔓生菜豆按行、穴距60～70厘米×20～25厘米播种，每穴播种3～4粒，亩用种量3～4千克；矮生菜豆按行、穴距 33～45 厘米×18～25 厘米播种，每穴播籽 4～6 粒。

秋菜豆应适当密植，穴距可缩到 20 厘米，每穴播 4～6 粒。每亩用种量：蔓生种用种 2.5～3 千克，矮生种 4～5 千克。

（4）足墒播种　菜豆发芽期吸水较多，播种前应将地块浇足水，或将播种沟浇足水。播种深度 2～3 厘米。播种后覆盖地膜，春季栽培覆盖无色地膜，秋季栽培覆盖黑色地膜。

123. 露地菜豆怎样进行间苗与定苗？

幼苗出土后要及早差苗补苗。对苗过多或过密处，要及时间苗，淘汰病苗、弱苗和杂苗，促进苗壮，出苗后间苗 1～2 次，一片复叶出现后定苗，蔓生菜豆每穴留 2 株，矮生菜豆留 2～3 株。

另外，对缺苗处要及早补苗，补苗的方法有补种和补苗两种。补种是用事先浸种催芽后的种子播种；补苗是用育苗钵已培育好的小苗补栽到缺苗处。

124. 露地菜豆怎样进行肥水管理？

（1）春菜豆　直播菜豆，齐苗后或定植缓苗后浇一水。芸豆开花前期，可喷施硼砂 600 倍液或速乐硼 1 200～1 500 倍液，能显著提高开花坐果率，避免落花落荚。基部花序坐荚，首批嫩荚达 3～4 厘米长时，植株进入旺盛生长期，要及时浇水追肥，促豆荚迅速伸长和肥大，保品质鲜嫩。结荚期间一周左右浇 1 水，矮生菜豆追肥 1～2 次，蔓生菜豆的采收期长，追肥 2～3 次，化肥和有机肥交替施肥。

（2）秋菜豆　出苗后及时中耕、除草，遇高温干旱天气，应增加灌水次数，防高温危害，雨后及时排水。开花初期控制灌水，结荚后视天气和土壤墒情灌水，保持土壤湿润。菜豆结荚以后，一般用 45％氮磷钾（15∶15∶15）三元复合肥 25～30 千克；结荚期如遇久旱不雨，一般 5～7 天浇水 1 次，保持田间最大持水量为 60%～70%。

125. 露地菜豆怎样进行植株调整?

蔓生品种结合最后一次中耕进行培土,并插架。一般用人字架,架高 2 米左右 (图 5-1)。菜豆栽培前期应促进分枝,增加结果数量。生长中后期分枝增多,应及时摘心,减少无效分蘖。

图 5-1 露地菜豆竹竿搭架

菜豆在开花结荚后期,生长衰弱,可通过促进菜豆翻花提高产量。具体做法是:在采收后期摘除下部老黄叶,连续追肥 2～3 次,促进抽生侧枝恢复生长,并由侧枝继续开花结荚,可延长采收期 10～15 天,增产 20%～25%。

126. 露地菜豆如何防止落花落果?

菜豆的落花落荚现象比较严重,一般落花落荚率可高达60%左右。造成落花落荚的原因甚多,而且各种因素间相互有影响。植株营养不良,不能满足茎叶及荚果生长所需养分,或生长过旺,营养生长与生殖生长失调,使果荚得不到充足养分而脱落;病虫危害以及采收不及时,使植株营养不良,花芽发育不完全而落花，幼荚无力伸长而脱落；生育环境不适，花芽分化及开花期温度过高过低，开花时土壤和空气过于干旱，遇大风或降雨等均可造成落花落荚。

防止落花落荚，宜将菜豆的生育期安排在温度适宜的月份内，或采取相应措施调控好生育环境，尽量避免或减轻高温或低温的影响；施完全肥料，提高植株营养水平，满足茎叶生长和花荚发育所需的营养；合理密植，改善通风透光条件；防治病虫害和及时细致的采收等。此外，花期喷硼砂 600 倍液或速乐硼 1 200～1 500 倍液，或 5～25 毫克/升萘乙酸或 2 毫克/升防落素也有防止落花落荚的功效。

三、菜豆保护地栽培管理技术

127. 菜豆保护地栽培形式主要有哪些？

（1）塑料大棚栽培　主要有塑料大棚春茬和秋茬两种形式。春季栽培一般可较露地栽培提早 30～40 天种植。秋季栽培应确保菜豆有 100 天以上的种植时间，以确保产量。

（2）日光温室栽培　主要有温室春茬、温室秋冬茬和温室冬春茬 3 种形式，以前两个茬口栽培较多。温室春菜豆一般于 1 月中下旬至 2 月上中旬播种，或 1 月中旬育苗，2 月上旬定植，4 月中旬前后开始收获。温室秋冬茬 8 月中旬前后播种，或 8 月上中旬育苗，9 月中旬左右定植。专供春节期间上市的蔓生菜豆可于 11 月上中旬播种，矮生种菜豆于 11 月底播种。

128. 保护地菜豆播种（育苗定植）应掌握哪些技术要点？

（1）直播　保护地菜豆大多进行直播栽培，技术要点如下。

整地做畦：前茬作物收获后，应及早清洁田园，每亩施入腐熟有机肥 4 000～5 000 千克。有机肥一半普施，另一半与氮磷钾

(20∶10∶30) 三元复合肥料 20～25 千克、硼肥 500 克、钼肥 200 克集中施于播种行内。施肥后深翻 25～30 厘米。冬春茬施肥后深翻 30 厘米左右,耕细耙平,而后做高垄。大行距 60～70 厘米、小行距 50～60 厘米,垄高 10～15 厘米。秋冬茬可做成宽 1～1.2 米的平畦。每垄种植 1 行,每穴 3～4 粒,穴距 25～30 厘米。

(2)育苗定植 为提早种植、赶茬口,也可以对菜豆进行育苗。技术要点如下。

育苗:用育苗钵直播育苗。可用 8 厘米×8 厘米或 10 厘米×10 厘米的营养钵播种育苗,每钵播种 3～4 粒,覆土 2 厘米厚。

春茬菜豆育苗,播种后出苗前温度控制在 28～30℃;出苗后,日温降至 15～20℃,夜温降至 10～15℃;第 1 片真叶展开后日温 20～25℃,夜温 15～18℃;定植前 1 周开始逐渐降温炼苗,日温 15～20℃,夜温 10℃。秋冬茬菜豆育苗,营养钵应集中摆放于事先搭设的阴棚当中,以使晴天降温、雨天防淋,防止幼苗过分徒长。

定植:菜豆育苗期不宜过长。适宜苗龄 20～25 天,2～3 片真叶时进行定植(图 5-2)。

图 5-2 菜豆育苗钵育苗

采用大小行距栽培，小行距 50～60 厘米，大行距 70～80 厘米，穴距 25～30 厘米，每穴定苗 2～3 株。定植时，在栽培畦上挖穴，将带营养土的秧苗移入穴内，定植后浇水，水渗后覆土。设施春提早或冬春茬栽培，定植后应覆盖地膜。

129. 保护地菜豆怎样进行温度和光照管理？

（1）温度管理　温室春茬菜豆定植后 3～5 天内密闭棚室，使白天温度维持在 25～28℃，夜间 15～20℃。缓苗后适当降低温度蹲苗，抽蔓期白天温度 20～25℃，夜温 12～15℃。开花结实期白天温度保持 20～25℃，不超过 30℃，夜间 15～20℃。

温室秋冬茬菜豆定植初期，白天温度保持 20～25℃，尽可能使棚温不超过 30℃，夜间 12～15℃，菜豆坐荚以后可逐渐提高棚温，白天温度 20～25℃、夜间温度 15～20℃。外界温度低于 15℃时，应注意扣严薄膜保温。

（2）光照管理　菜豆较喜光，冬春季栽培应选用透光性好的薄膜覆盖，并在温室后部挂反光幕增加反射光；夏秋高温季节栽培应采取遮阳降温措施，防止棚室内温度偏高。

130. 保护地菜豆怎样进行肥水管理？

低温期定植时一次性浇足底水，定植后一般不再浇水。开花前要控制浇水，促进根系生长，防止秧苗徒长。当幼荚长 4～5 厘米时，要加强肥水管理，一般 7～10 天浇水一次，每隔一水追肥一次。每亩冲施全水溶性氮磷钾（20：10：30）复合肥料 8～10 千克，或菜豆专用肥（氮≥15％、磷≥7％、钾≥32％）8～10 千克。

浇水时，选晴天上午顺膜下沟浇暗水，浇水后通风排湿。秋冬茬菜豆进入 12 月下旬以后，随气温的进一步降低，日照强度的减弱，植株的生长发育速度开始放慢，开花结荚数开始减少，此时应少浇水并停止追肥，加强御寒保温工作。

131. 保护地菜豆怎样进行植株调整？

（1）搭架引蔓　植株甩蔓后及时插架或吊绳引蔓，温室、大棚栽培多用吊绳（图5-3）。

图5-3　保护地菜豆绳吊蔓

（2）整枝摘心　主蔓第1花序以下的侧枝长到3厘米左右长时摘除，第一花序以上的侧枝留1～2节摘心。当主蔓长至棚顶后，打顶摘心，促下部侧枝形成花芽。

132. 保护地菜豆怎样进行花果管理？

花期叶面喷硼砂600倍液，或速乐硼1200～1500倍液，或5～25毫克/升萘乙酸液，或2毫克/升防落素，每15天喷1次，连喷3～4次，可有效防止落花落荚。

四、菜豆采收与采后处理

133. 怎样确定菜豆的采收期？

一般在开花后10～15天，当豆荚饱满，色呈淡绿，种子未显现，荚壁没有硬化时及时采收。采收过迟，纤维增加，荚壁逐渐粗硬，品质差，且不利于植株生长和结荚，造成落花落荚。采收初期每 3～5 天采收一次，盛果期每 2～3 天采收一次。

134. 菜豆采收应掌握哪些技术要点？

（1）采摘时留下豆荚基部 1 厘米左右长，切勿碰伤小花蕾，以利后期荚果正常发育。采收前，应对产品农药残留情况进行抽检。

（2）菜豆因开花坐荚期长，应分多次采收，一般每隔 3～4 天采收 1 次。蔓生种可连续采收嫩荚 30～45 天或更长，矮生种可连续采收 25～30 天。

（3）菜豆采收一般于清晨或傍晚进行。此时采收的豆荚，含水量高，色泽鲜艳，产量也高，也利于储存。

（4）盛装菜豆的容器要干洁卫生。

135. 菜豆采后处理主要有哪些？

菜豆采收后一般进行预冷、挑选分级、包装等商品化处理，然后进入销售或贮藏环节。

（1）预冷　采收后的菜豆要及时预冷。产地销售一般采用自然通风预冷即可；需长途运输也可强制通风预冷或冰水快速浸泡预冷；作贮藏用的菜豆，应选择肉厚、纤维少、种子小、锈斑轻、适合秋茬栽培的食荚菜豆品种，强制通风预冷、差压预冷或冷库预冷。无论哪种预冷方法，菜豆经预冷后应迅速将温度降至 8～10℃，以利储运。

（2）挑选分级　采用人工挑选整理或机械挑选整理。剔除小荚、老荚、有病虫害及机械损伤的豆荚。按一定的品质标准和大小规格，将产品分成若干等级。

（3）包装　包装和分级一般同时进行。包装容器应保持清洁、干燥、无污染并有一定的透水性和透气性。可选用塑料编织袋、塑料袋（图）、瓦楞纸箱、竹筐、塑料箱、泡沫箱等。泡沫箱多用于远距离运输包装，装箱时，先在箱的底部放入 2～4 瓶冰冻的水，冰冻水瓶用纸包裹。然后将菜豆整齐摆入箱内，上面覆盖保鲜纸（图 5-4）。

图 5-4　菜豆泡沫箱装箱

五、菜豆病虫害防治

136. 菜豆的主要病害有哪些？如何防治？

（1）菜豆锈病　该病主要侵染叶片，一开始出现边缘不明显的退绿小黄斑，直径 1 毫米左右，后中央稍突起，深黄色，表皮破裂后，散出红褐色粉末（病菌夏孢子）。一般在 4～5 月，大棚菜豆生长中后期发生，苗期一般不发病。在菜豆进入开花结荚期，棚温 16～22℃，昼夜温差大，高湿及结露时间长时易流行传播。连作地发病重。

防治方法：清洁田园，病残体深埋，合理密植，控制棚内湿度，避免连作。在发病初期，可选用 12.5% 速保利可湿性粉剂 3 000～4 000 倍，或 40% 福星乳油 8 000 倍，或 43% 好力克悬浮剂 3 000～4 000 倍，或 10% 世高水分散粒剂 2 000 倍喷雾，7～

10天1次，连喷2～3次。另外，在芸豆拉秧后揭膜前，对老棚体用硫黄熏蒸，防病效果较好。注意在采收前10～15天不要用药。

（2）菜豆根腐病 一般从复叶出现后开始发病，植株生长缓慢，明显矮小，开花结荚后，症状逐渐明显，下部叶片枯黄，叶片边缘枯萎，但不脱落，植株易拔除。主根上部、茎地下部变褐色或黑色，病部稍凹陷，有时开裂。纵剖病根，维管束呈红褐色。

防治方法：实行2年轮作制度；要在地温稳定在12℃以上时播种育苗。药剂防治可选用恶霉灵3 000倍，或黄腐酸盐1 000倍浇灌根部，在三叶前和初花期各灌根一次效果较好。注意在采收前10～15天不要用药。

（3）菜豆细菌性疫病 又称火烧病、叶烧病。被害叶片、叶尖和叶缘初呈暗绿色油渍状小斑点，像开水烫状，后扩大呈不规则灰褐色的斑块，薄纸状，半透明。干燥时易脆破，病斑周围有黄绿色晕圈，严重时病斑相连似火烧状，全叶枯死，但不脱落。潮湿时腐烂变黑，病斑上分泌出黄色菌脓，嫩叶扭曲畸形。茎上病痕呈条状红褐色溃疡，中央略凹陷，绕茎一周后，上部茎叶萎蔫枯死。豆荚上病斑多不规则，红褐色，严重时豆荚萎缩。

防治方法：实行3年轮作；种子消毒；保护地采用高畦定植，地膜覆盖，摘除病叶，打去下部老叶，增强田间通透性，避免高温高湿环境。发病初期，选用14%络氨铜可湿性粉剂300倍液，或50%琥胶肥酸铜（DT）可湿性粉剂500倍液，或77%可杀得可湿性粉剂500倍液，或新植霉素4 000倍液，每隔7～10喷1次，连续防治2～3次。注意在采收前10～15天不要用药。

（4）菜豆灰霉病 茎部感病先从基部向上11～15厘米处开始出现云纹斑，周边深褐色，中部淡棕色至淡黄色，干燥时病斑表皮破裂形成纤维状，潮湿时病斑上生灰色霉层。叶片感病，形成较大的轮纹斑，后期易破裂。

防治方法：保护地栽培要采取高畦定植，地膜覆盖，加强棚内的通风，降低棚内湿度，及时摘除病叶、病荚；发病初期可用50％速克灵可湿性粉剂 1 500 倍液，或 50％扑海因可湿性粉剂 1 500倍液，或克霉灵可湿性粉剂 600 倍液，每 7 天喷 1 次，连喷 3 次。注意在采收前 10～15 天不要用药。

（5）菜豆炭疽病　叶片上病斑多发生在叶背的叶脉上，常沿叶脉扩成多角形小条斑，初为红褐色，后为黑褐色。叶柄和茎上病斑凹陷龟裂。豆荚上病斑暗褐色圆形，稍凹陷，边缘有深红色的晕圈，湿度大时病斑中央有粉红色黏液分泌出来。

防治方法：种子消毒（用甲醛 200 倍液浸种 30 分钟，洗净晾干后播种）；与非豆科作物实行 2 年以上的轮作；发病初期，可用 75％百菌清可湿性粉剂 600 倍液，或 50％甲基托布津可湿性粉剂 800 倍液，或 1：1：240 波尔多液 50 千克/亩喷雾，间隔 7 天喷 1 次，共喷 2～3 次。注意在采收前 10～15 天不要用药。

137. 菜豆的主要虫害有哪些？如何防治？

（1）蚜虫　主要以成虫和若虫吸食植株的汁液，造成嫩叶卷曲皱缩、叶片发黄，还能引起煤污病。

防治方法：用驱蚜效果比较好的银灰色膜覆盖地面，或在田间张挂 10～15 厘米宽的薄膜条，可以有效地驱避蚜虫；在田间悬挂黄板诱蚜；保护地栽培通风口用防虫网进行隔离防护；药剂防治，可用 10％啶虫脒乳油 12～15 克/亩，或 10％吡虫啉可湿性粉剂 15～20 克/亩，或 2.5％高效氯氟氰菊酯乳油 16～20 克/亩，对水 50 千克喷雾。7～10 天喷 1 次，连续防治 2～3 次。保护地栽培可用蚜虫烟剂熏杀。注意在采收前 10～15 天不要用药。

（2）白粉虱　主要以成虫和若虫在叶片背面和嫩茎上吸吮植株汁液，使叶片退绿以及发生煤污病等。

防治方法：加强栽培管理，及时中耕除草，发现大量白粉虱为害植株或叶片，及时摘除，带出室外集中销毁；保护地栽培通风口用防虫网进行隔离防护；白粉虱天敌有蚜小蜂，瓢虫等，可适量向棚内投放白粉虱天敌"以虫治虫"。棚内白粉虱为害较重时，可及时喷施 10％扑虱灵乳油 1 000 倍液，或 25％灭螨猛乳油 1 000 倍液，或 20％康福多浓可溶剂 4 000 倍液，7～10 天喷1 次，连续防治 2～3 次。保护地栽培可用烟剂熏杀，注意在采收前 10～15 天不要用药。

（3）潜叶蝇　潜叶蝇以幼虫潜入叶片表皮内，专门钻食叶肉，在上下表皮间曲折穿行，留下弯弯曲曲、不规则的白色或灰白色隧道。严重影响叶菜类蔬菜的食用和商品性，对豆类产品的产量和种子饱满度影响较大。

防治方法：清除田内外杂草，处理残体；大棚或温室内，在卵期释放芸豆潜叶蝇姬小蜂进行生物防治；农药防治可利用成虫吸食花蜜习性，用 30％糖水加 0.05％敌百虫诱杀成虫；在成虫产卵盛期或孵化初期，用 20％氰戊菊酯乳油 300 倍液，或 50％辛硫磷乳油 1 000 倍液，或 50％蝇蛆净 1 000～2 000 倍液，喷雾防治，每隔 7 天用药 1 次，连续用药 2～3 次。注意在采收前10～15天不要用药。

第六章　马铃薯生产技术

一、认识马铃薯

138. 马铃薯对栽培环境有哪些要求?

（1）温度　马铃薯属于喜冷凉不耐高温植物，块茎在 $7\sim 8\,℃$ 时，幼芽即可生长，$10\sim 12\,℃$ 时幼芽可茁壮成长并很快出土。植株生长最适宜温度为 $21\,℃$ 左右，块茎生长最适温度为 $17\sim 19\,℃$，温度低于 $2\,℃$ 或高于 $29\,℃$ 时，块茎停止生长。北方多数地区的适宜种植时间比较短，需要选择栽培期长短适合当地的品种，并合理安排栽培茬口。

（2）光照　马铃薯是喜强光作物，但块茎的形成需要较短的日照。北方地区春薯秋种时，往往需要对种薯进行打破休眠处理；引种时也需要考虑所引品种对日照要求的严格程度。光照能够抑制块茎幼芽的生长，利用这一特点可控制幼芽的过快生长，促进叶原基分化。

（3）水分　马铃薯属于喜水怕涝植物，水供应不足，薯块小，产量低；土壤湿度过大，容易造成块茎缺氧，诱发病害。马铃薯生长过程中，应保持土壤水分在 $60\%\sim 80\%$。水分过多过少都会影响植株的正常生长和发育。

（4）土壤　马铃薯适于土层深厚，结构疏松，排水透气良好，富含有机质的壤土栽培。黏质土透气性差，沙质土保肥保水能力差，均不利于马铃薯高产优质。马铃薯喜酸性土壤，适宜的土壤 pH 为 $4.8\sim 7.0$。

（5）肥料　马铃薯需肥较多，每生产 1 000 千克块茎约需要氮 5 千克、磷 2 千克、钾 11 千克。对钾肥需要量最大，其次是氮肥，磷肥较少。马铃薯属于较耐肥植物，栽培期比较短，并且栽培中后期不方便施肥，施肥要以基肥为主。

139. 马铃薯植株有哪些特点？对生产有哪些指导作用？

（1）根　马铃薯的初生根由芽基部萌发出来，开始在水平方向生长，一般长到 30 厘米左右再逐渐向下垂直生长。马铃薯的根不发达，大多分布在土壤表层，吸收能力也比较弱。

（2）茎　马铃薯的茎由主茎、匍匐茎和块茎组成。地上茎为直立生长在地上的部分，地下部分为地下茎。地下茎的侧枝横向生长成为匍匐茎，匍匐茎生长到一定时期后先端膨大生长，形成仍然具有茎结构的块茎（图 6-1）。匍匐茎数量越多，薯块数量也随之增多，越容易获得高产。

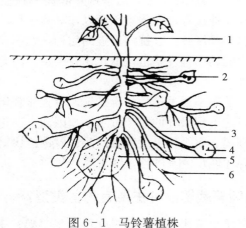

图 6-1　马铃薯植株

1. 地上茎　2. 地下茎　3. 匍匐茎　4. 块茎　5. 种薯　6. 根

（3）叶　马铃薯的叶为奇数羽状复叶，叶上有茸毛和腺毛。马铃薯叶片对光的适应能力比较强，但光照不足情况下，容易发生叶片徒长。

（4）花和果　马铃薯为伞形花序或分枝型聚伞形花序，花序着生在茎的顶端。果实为浆果，球形或椭圆形。通常早熟品种第一花序、中晚熟品种第二花序开放时，地下块茎开始膨大。马铃薯属于无性繁殖植物，其开花结果要与块茎生长争夺养分，对产量形成不利，需要及早摘除花蕾，以利于增产。

140. 什么是马铃薯的种性退化？怎样防止？

马铃薯在生产过程中，由于病毒的侵入和感染，破坏了马铃薯植株的正常生长功能，导致植株生长缓慢，表现出植株卷叶、花叶、植株矮小等病症，匍匐茎缩短，根系不发达，抗逆性降低，块茎变小，产量逐年下降，出现马铃薯严重退化现象。马铃薯退化现象使得马铃薯一般减产 20％～30％，重者减产 50％以上。侵染马铃薯的病毒和类病毒有 20 种，在我国危害马铃薯的病毒有 5～6 种，类病毒 1 种，这些病毒除能单独侵染马铃薯植株外，还能与其他病毒复合侵染。所以，马铃薯种植的时间越长病毒越重，减产幅度越大。抗病力强的品种，发病较轻，退化不严重；抗病力弱的品种发病重，退化比较严重。因此，要选用抗病力强的品种。

退化的马铃薯不通过排除病毒措施，单独靠栽培措施是无法恢复其种性，达不到品种的原产量水平。因此，退化了的种薯必须经过茎尖剥离、组织培养、病毒检测、脱毒苗快繁等一系列的技术措施后，才能恢复其种性，实现高产优质。

141. 马铃薯栽培品种主要有哪些类型？

（1）在栽培上依块茎成熟期早晚可分为早熟、中熟和晚熟 3 种类型。

①早熟品种。从出苗到块茎成熟需 50～70 天，植株矮小，产量低，淀粉含量中等，不耐储存，芽眼较浅。优良品种有希森

4号、费乌瑞它、丰收白、克新4号、克新5号、郑薯2号等。

②中熟品种。从出苗到块茎成熟需80～90天，植株较高，产量中等，淀粉含量偏高。优良品种有希森6号、克新1号、中薯2号、协作33等。

③晚熟品种。从出苗到块茎成熟需100天以上，植株高大，产量高，淀粉含量高，较耐储存，芽眼较深。优良品种有晋薯7号、晋薯16号、同薯20等。

(2) 根据是否经过脱毒处理又分为常规品种和脱毒品种。

脱毒种薯是指常规马铃薯种薯经过一系列物理、化学、生物或其他技术措施清除薯块体内的病毒后，获得的经检测无病毒或极少病毒侵染的种薯。脱毒马铃薯产量高，比未经脱毒种薯增产30%～50%；商品性好，大、中薯率高，是目前主要的栽培用种。

142. 马铃薯的优良品种有哪些？

(1) 费乌瑞它 又名鲁引1号、荷兰薯、荷兰15、荷兰7号，为我国主栽早熟品种之一。该品种早熟，株型直立，株高约60厘米左右，茎秆粗壮，分枝少，叶片肥大，叶缘波状，花淡紫色；结薯集中，薯块膨大迅速。薯块长椭圆形，芽眼浅，淡黄皮淡黄肉，表皮光滑，食味好，适合加工和出口创汇。抗马铃薯Y病毒，对A病毒免疫；淀粉12.4%～14%，还原糖0.03%。植株易感晚疫病，块茎易感晚疫病和环腐病，轻感青枯病，种性退化快。产量高，亩产2 000千克，高产可达3 000千克以上。

该品种适宜性较广，黑龙江、辽宁、内蒙古、河北、北京、山东、江苏和广东等地均有种植，是适宜于出口的品种。

(2) 希森4号 早熟，出苗到收获70天左右。株型直立，生长势较强。株高55厘米左右，茎绿色，叶绿色，花冠白色。薯形椭圆，薯皮黄色且光滑，薯肉黄色，芽眼浅，结薯集中，单株结薯数3～5个，商品薯率80%以上。亩产2 000千克左右。

每亩种植密度 5 000～5 500 株，要及时防治晚疫病及其他病虫害。

（3）晋薯 7 号　株型直立。株高 60～90 厘米。茎秆绿色，茎节处有紫色素。茎粗平均 1.52 厘米，茎断面呈三棱形，茎翼波状。主茎分枝 10 个左右。叶片绿色，大而平展，顶小叶和侧小叶形状均为长椭圆形，叶尖尖锐。花白色，雄蕊较大、花粉多，可天然结实。薯块扁圆形，黄皮黄肉，光滑度中等。芽眼较深，芽眉弧形，每块芽眼 9 个左右。结薯集中，薯块大而整齐，无次子生现象，150 克以上大薯率达 70％左右，最大薯块重 3 千克。从出苗至成熟 115～120 天，属晚熟种。植株长势强，匍匐茎短，结薯集中。抗旱性强，抗晚疫病、早疫病。退化程度轻。平均亩产 4 520 千克，最高亩 4 600 千克。适宜北方马铃薯一季作区种植，无霜期达 130 天的地方，更能发挥其增产潜力。每亩种植 3 500～4 000 穴，适宜行距 0.5～0.6 米。

（4）晋薯 16 号　山西省农业科学院高寒区作物研究所育成。株型直立，株高 106 厘米左右，分枝数 3～6 个。叶形细长，叶片深绿色；花冠白色，天然结实少，浆果绿色有种子。薯形长扁圆，薯皮光滑，黄皮白肉，芽眼深浅中等。植株整齐，结薯集中，单株结薯 4～5 个，大中薯率达 95％左右。块茎休眠期中等，耐贮藏。中晚熟种，从出苗至成熟 110 天左右。适合北方马铃薯一季作区种植，种植密度每亩 3 000～3 500 穴。

（5）克新 1 号　中熟品种，生育天数 100 天左右。株形直立，分枝数中等，茎粗壮，叶片肥大，株高 70 厘米左右。花冠淡紫色，雄蕊黄绿色，花粉不育，雌蕊败育，不能天然结实和作杂交亲本。块茎椭圆形或圆形，淡黄皮、白肉，表皮光滑，块大而整齐，芽眼深度中等，块茎休眠期长，耐贮藏。植株抗晚疫病，块茎感病，高抗环腐病，抗 PVY、PLRV。产量一般为 1 500 千克，高产可达 3 000 千克以上，增产潜力较大，抗旱性较强。适于黑龙江、吉林、辽宁、河北、内蒙古、山西、陕西、甘肃等地种植，适宜密度为 3 500 株/亩。

（6）同薯 20　中晚熟种，出苗到成熟 100～110 天。块茎圆形，黄皮黄肉，薯皮光滑，芽眼深浅中等，芽眉弧形、不明显。结薯集中，单株结薯数 4.7 个。生长势强，抗旱耐瘠。块茎膨大快，产量潜力大；薯块大而整齐，商品薯率 60.8%～73.0%，商品性好，耐贮藏。蒸食菜食品质兼优。适宜华北、西北、东北大部分一季作区种植。

（7）大西洋　美国品种。块茎形状介于圆形和椭圆之间，表皮有轻微网纹，过大薯块常有空心、肉白色，富有淀粉，适于炸片、煮食。对马铃薯 A 病毒、X 病毒、卷叶、网状坏死、A 型的金线虫、晚疫病和外伤都有抵抗力，在干旱季节薯肉有时会产生褐色斑点。植株繁茂性中等，长势强而直立，叶大而粗糙，呈绿色，花冠淡紫色，芽眼少且浅，属高水肥品种。最高亩产达到 2 800 千克，平均亩产 1 500 千克以上，生育期 90 天。

（8）底西瑞　由荷兰引进品种。植株半直立，分枝少，株高 55～60 厘米，分枝 4～5 个，叶片小而坚实。生长势强，茎粗壮，有明显的棕红色。花冠紫红色，花粉多，天然果较多。单株结薯 4～5 块，薯块大，从出苗到收获 105～110 天。一般亩产 1 700 千克，最高亩产 2 500～3 000 千克。商品薯率 80% 以上。薯形长椭圆形，红皮，肉色鲜黄，表皮光滑；芽眼数量较少，薯形一致性较好，端正美观，芽眼浅，休眠期较长，耐贮性中上等，干物质较高，煮后无变色影响，煮食口感优，味道甜绵。抗旱性强，水旱地均可种植，特别适于旱地种植。播种密度 3 500 株左右。种薯出苗快，应及早中耕和施肥浇水，开花后不宜浇水，防止次生薯出现，影响薯形美观。

（9）克新 4 号　早熟品种，出苗到收获 70 天左右。株型直立，株高 65 厘米左右，分枝少。茎绿色，复叶中等大小，花白色，有外重花瓣，开花不正常。花粉不孕，无天然结实，块茎扁圆形，整齐，黄皮淡黄肉，芽眼浅。耐储性强，结薯集中，商品薯率 80％以上。休眠期短，适于二季作栽培和复种。抗退化能力强，块茎对晚疫病有较高抗性。食味好，是适于夏播和脱毒留种的优良品种，丰产性好，亩产 1 800～2 000 千克。适于北方大部分地区种植，尤适于城市郊区及二季作地区栽培。适宜栽植密度为每亩 4 500 株左右。

（10）中薯 5 号　早熟品种，从出苗到收获 60 天左右。株型直立，株高 55 厘米左右，生长势较强。茎绿色，复叶大小中等，叶缘平展，叶色深绿，分枝数少。花冠白色，天然结实性中等，有种子。块茎略扁圆形，淡黄皮淡黄肉，表皮光滑，大而整齐，春季大中薯率可达 97.6％，芽眼极浅，结薯集中。炒食品质优，炸片色泽浅。一般亩产 2 000 千克左右。适宜北方平原二季区做春秋两季种植。

143. 怎样选择品种？

（1）根据栽培形式选择品种　北方露地马铃薯一季作区栽培用品种，宜选择中晚熟品种，品种应具备优良的经济性状和农艺性状，以及较强的抗逆性。在二作区，需要选择对日照长短要求不严的早熟高产品种，而且要求块茎休眠期短或易于解除休眠。

（2）根据栽培目的选择品种　用于鲜食应选中早熟丰产良种，如荷兰 15 等。用于加工淀粉的，要选白皮白肉、淀粉含量高的中晚熟丰产品种。保护地栽培多用于鲜食，通常以早熟品种为主。

（3）根据当地病害发生情况选择品种　如二季作地区，要选择对病毒病抗性较强的品种，保护地栽培要选择对细菌性病害有较强抗性的品种。

144. 马铃薯栽培对种子质量有哪些要求？

马铃薯栽培对种子质量的要求：纯度≥96％，薯块整齐度≥80％，不完整薯块≤5％。脱毒种薯质量应符合 GB 18133—2012

《马铃薯种薯》标准要求。

145. 马铃薯购买脱毒种薯应注意哪些事项？

种薯脱毒就是利用病毒在植物体内传播速度没有茎尖生长速度快，茎尖生长点没有病毒的特点，通过剥离茎尖生长点进行组织培养的方法脱去病毒。脱毒种薯一般分为原原种、原种、一级原种和二级原种。一般一级原种种植 5～6 年后，由于留种保种不严格，会形成再感染以致退化，而丧失脱毒种薯的功能。因此，正确区别有效的脱毒种薯和普通种薯，是正确选种的基础。

（1）购买脱毒种薯时，要选择正式种子经营单位和科研部门。同时，还要问清所购买的种薯产于哪个脱毒种薯生产基地，是否有"种子合格证""种子检疫证"等，以免上当受骗。

（2）观察种薯的外观表现，如果芽眼深，薯块表皮粗糙，薯形不规整，说明其不是脱毒种薯，或者是已经种植六代以上失去种用价值的种薯。

（3）用擦净的不锈钢刀，把种薯切成两半，用手挤压，观看有没有环腐病发生，同时仔细观察蒂部，有没有发生黑胫病。优良的脱毒种薯不带病菌，带病菌的则不是优良脱毒种薯。

二、马铃薯的栽培管理技术

146. 怎样确定马铃薯的播种期？

北方地区春季栽培马铃薯，一般在晚霜前 20～25 天，气温稳定在 5～7℃，10 厘米土层温度达到 7～8℃时，为播种适期。覆盖地膜栽培可提早 15 天左右播种。塑料大棚栽培可提早 50 天左右播种。

北方二季作地区秋马铃薯的播种期，应以当地的初霜期为准向前推 70 天左右为宜。播种过早，温度偏高，不利于植株生长，并且病毒病发生也比较严重。

147. **播种前应对种薯做哪些处理？**

（1）选种　将发病、腐烂、受冻、变色以及由于失水过多而变软的薯块剔除。

（2）晒种　先将种薯放在阳光下晒 2～3 天，每天 3～4 小时，提高种薯温度。

（3）催芽　播种前 15～20 天，把种薯置于温度 15～18℃、空气相对湿度 60％～70％的暗室中催芽，经 7～10 天即可萌芽。芽萌发后，维持 12～15℃温度和 70％～80％的空气相对湿度，同时给予充足光照，经 15～20 天，形成 0.5～1.5 厘米长的绿色粗壮的芽。

（4）切块　在播种前 1～2 天进行切块，用快刀把种薯沿顶向下纵切成数块，并带有 1～2 个芽眼，适宜薯块重量 20～25 克（图 6 - 2）。切块时，发现病薯要剔除，切刀也要用 15％酒精擦后再切另一薯块。

图 6 - 2　马铃薯种块

（5）赤霉素浸种　二季作地区秋播马铃薯，往往需要用赤霉素浸种，打破休眠。赤霉素浸种分整薯和切块两种方法。春季整薯浸种用 10 毫克/升的赤霉素浸种 10～15 分钟；切块浸种用 5 毫克/升的赤霉素浸种 5～10 分钟。秋季整薯浸种用 5 毫克/升的赤霉素浸种 10～15 分钟；切块浸种用 2 毫克/升的赤霉素浸种 5～10分钟。

浸种前用清水将切口处淀粉清洗干净，浸后捞出薯块放在阴凉处晾 4～8 小时。配制一次赤霉素液可重复浸种 4～5 次，切忌浓度过大，造成徒长苗。

148. 播种马铃薯应掌握哪些技术要领？

（1）整地起垄　选择土层深厚，疏松，肥力中上等，阳光充足，排水方便的地块。前茬作物收获后，立即深翻 20～25 厘米，早春浅耕，应做到无大的土块、草茎、根茬，上虚下实。结合整地，亩施优质腐熟农家肥 3 000～4 000 千克，磷酸二铵 25 千克、尿素 20 千克、硫酸钾 15 千克、硫酸锌 1～1.5 千克。整平地面后，起垄待播。马铃薯机械化播种，多选用集播种、起垄、覆膜多功能于一体的播种机，同时完成播种、扶垄和覆盖地膜作业（图 6-3）。

图 6-3　马铃薯多功能机械播种

（2）播种　选晴暖天播种。播种时，芽眼朝上，等距按芽点播，播深 17～20 厘米。

（3）要足墒播种　干旱地块要提前造墒。播种时，将播种沟或穴浇足水，水渗后覆土或扶垄。

（4）覆盖地膜　春季马铃薯播种后，要覆盖无色透明地膜。机械化作业一般在播种扶垄后，用覆膜机覆盖地膜。地膜覆盖后，按间距用土压住地膜，防风，保护地膜。

（5）合理密植　水肥条件好的地块，中晚熟品种 3 000～3 500 株/亩，早熟品种 3 500～4 000 株/亩；水肥条件差的地块，中晚熟品种 3 500～4 000 株/亩，早熟品种 4 000～4 500 株/亩。秋季栽培产量低，应适当密植。

采取宽垄双行密植的，一般以垄宽 70～80 厘米、垄高 20～25 厘米、垄距 30 厘米为宜。播种时，垄内行距 30～40 厘米、株距 20～25 厘米。单垄单行种植的适宜密度为行距 60 厘米，株距 20～25 厘米。

149. 马铃薯地膜覆盖栽培出苗期如何进行管理？

播种后要经常检查地膜破损、风揭、牲畜践踏等情况，发现后要及时采取补救措施。

发现苗出土或即将出土时，即可放苗。方法是对准幼苗的地方，将地膜划一个"十"字形口，把幼苗引出膜外，然后用细土封严幼苗周围地膜，以利保温保墒。放苗应选晴天上午 10 时以前或下午 4 时以后，阴天可全天放苗。

150. 春播马铃薯如何进行肥水管理？

（1）浇水　春播马铃薯浇水的原则：浇（造）好底墒水、适当晚浇齐苗水、及时浇足蕾花水、收获前 7～10 天不要再浇水、收获时地面一定不能积水。

具体做法是：播种后一般不马上浇水，如果马上浇水会造成种薯腐烂和发病；出齐苗后，及时灌水一次；马铃薯现蕾开花期是需水关键期，这时遇天旱要及时浇水，过此期再浇水，将严重减产并增加畸形薯的比例；开花 30 天后浇一水，一般浇三遍水即可。

出苗期及块茎膨大期，若田间渍水，应及时清沟排渍。如果遇多雨年份造成茎叶徒长，可在花期喷多效唑，控上促下，亩用15％多效唑粉剂 22～35 克对水 40 升，均匀喷洒叶片，尽量不要喷在地上。

（2）施肥　马铃薯栽培期较短，一般施足底肥后，栽培期间不再进行地面施肥。施肥不足地块可在齐苗后，结合浇水亩用3～4千克尿素提苗，晚熟品种在开花前后可补施 1 次肥，亩施尿素 5 千克，或水溶性高钾复合肥 10 千克。

151. 秋播马铃薯怎样进行肥水管理？

（1）浇水管理　播种后要立即浇水，保持垄沟不干。在浇水后进行中耕，松土保墒，增加土壤的通气性，力争早出苗。每浇一次水，都要中耕垄沟一次，以利根系和叶片的生长。出苗后要小水勤浇，保持土壤湿润。块茎膨大盛期，可减少浇水次数，只在霜前浇 1 次大水以防霜冻，以后不再浇水，直到收获。

（2）施肥管理　秋薯栽培，出苗后及早追肥，齐苗后应立即追施速效性化肥，每亩施入硫酸铵 10 千克或尿素 5 千克，然后灌水，并进行中耕。第二次追肥在苗高 20 厘米左右时进行，每亩施入尿素 15 千克。

三、马铃薯采收与采后处理

152. 怎样确定马铃薯的收获期？

马铃薯成熟的标志是：植株大部分转黄并逐渐枯萎，块茎脐部易与匍匐茎脱离，块茎表皮韧性大，块茎表皮形成较厚的木栓层，色泽正常，块茎停止增重，即可收获。此外，马铃薯的收获还应依气候、品种等多种因素确定。

马铃薯的生长期越长，产量越高，北方一季作区可延迟到茎叶枯黄时收获。为提早供应市场，也可在规定的收获期以前半个月陆续收获。在城市郊区作为蔬菜栽培时，可以根据市场需要和品质熟性分期收获，当达到商品成熟期（块茎达75克以上）即可收获。

种用薯要提前收获，以免后期的高温和蚜虫带来病害和降低种性。

153. 马铃薯收获应掌握哪些技术要点？

收获马铃薯要避免淋雨日晒，应在雨季前收获完毕，并尽量避开高温的中午前后收刨薯块。大面积收获应提前1～2天先割去地上部茎叶，然后用犁冲垄，将块茎翻出地面，人工采拾（图6-4）。面积小的可以人工刨收。收获前准备好条筐或塑料筐，收获的薯块要及早装筐运回。对于已经收获而当天不能包装的马铃薯以及已经包装好而不能及时运走的，不能放在露地，更不宜用病秧遮盖，要注意不能被阳光直射，可临时选择温度较低的地方避光放置。

图6-4　马铃薯机械化收获

要先收、先运种薯，后收、后运商品薯。

薯块收获过程中尽量减少机械损伤。装筐和搬运过程中，要轻装轻卸，避免碰伤、擦伤、磨损薯块。

154. 马铃薯收获后应做哪些处理？

（1）晾晒 薯块收获后，可在田间就地稍加晾晒，使其散发部分水分以便储运，一般晾晒4小时，晾晒时间过长，薯块将失水萎蔫，不利贮藏。

（2）预贮 夏季收获的马铃薯，正值高温季节，收获后应将薯块堆放到10～15℃的阴凉通风室内、窖内或荫棚下预储2～3周，使薯块表面水分蒸发，伤口愈合，薯皮木栓化。预储场地应宽敞、通风良好，堆高不宜高于0.5米，宽不超过2米，并在堆中放置通风管，在薯堆上加覆盖物遮光。

（3）分级 预贮后要进行挑选，剔除病虫害薯、机械损伤薯、萎蔫薯、石头及畸形薯等，要注意轻拿轻放，并对薯块进行大小分级。

（4）包装 种薯一般用网袋包装，微型种薯每网袋不得超过2.5千克。食用的薯块可用袋装，也可用专用纸箱包装，精包装后投放市场（图6-5）。

图6-5 马铃薯套袋精包装

（5）贮藏 保鲜薯一般要求贮藏在冷凉、避光、高湿度的条件下。大规模贮藏，可选择通风良好，场地干燥的仓库，用福尔马林和高锰酸钾混合后对库房进行熏蒸消毒，然后将经过挑选和预处理的马铃薯进库堆放。有条件的宜进行高湿度气调贮藏。鲜食马铃薯的适宜贮藏温度 3～5℃，用作煎薯片或油炸薯条的马铃薯，应贮藏于 10～13℃，贮藏的适宜相对湿度为 85%～90%。

155. 出口马铃薯有哪些标准要求？

（1）出口鲜薯　要求薯形椭圆，表皮光滑，黄皮黄肉，芽眼浅，薯块整齐，干净，单重在 50 克以上，无霉烂、无损伤等。

（2）出口用作淀粉加工的马铃薯　要求淀粉含量必须在15%以上，芽眼浅，以便于加工时清洗。

（3）出口用作油炸食品加工型马铃薯　要求芽眼浅，容易去皮，干物质含量在 19.6%以上，还原糖含量在 0.3%以下，耐贮藏。其中：

1）用作油炸薯条　要求薯形必须是长形或长椭圆形，长度在 6 厘米以上，宽不小于 3 厘米，重量为 120 克以上。白皮或褐皮白肉，无空心，无青头。

2）用作油炸薯片　要求薯形接近圆形，个头不要太大，重量为 50～150 克，超过 150 克薯块的比例最好少一些。

四、马铃薯病虫害防治

156. 马铃薯的病害主要有哪些？如何防治？

（1）环腐病　一般在开花期以后发病。初期症状为叶片边缘变黄、变枯，并向上卷曲，块茎表面的症状在轻度为害时无明显症状，随着病情发展，皮色变暗或变褐，芽眼亦变色，但没有菌脓溢出。严重时表皮可出现裂缝。横切病块茎可见维管束变黄色或褐色。轻者只局部维管束变黄，呈不连续的点状变色；重者整个维管束环变色，病菌侵害块茎维管束周围的薄壁组织，呈环状腐烂。

防治方法：选种抗耐病品种；与非茄科蔬菜轮作 5 年以上；建立无病留种田，尽可能采用整薯播种；种薯处理：把种薯先放在室内堆放 5～6 天，进行晾种，不断剔除烂薯。也可采用 50 毫克/升浓度的硫酸铜液浸种 10 分钟，或用 70％敌磺钠可溶粉剂（按种子重量的 0.2％用量）浸种。

（2）马铃薯早疫病　主要危害叶片、茎。叶片受害产生圆形或近圆形黑褐色病斑，病斑具有同心轮纹，大小 3～4 毫米，湿度大时，病斑上产生黑色霉层，发病严重时叶片干枯脱落，致使田间叶片枯焦。块茎染病，病斑黑褐色或暗褐色、圆形或近圆形、病部稍凹陷，边缘分明，皮下呈浅褐色海绵状干腐。

防治方法：选用早熟抗（耐）病品种，适当提早收获；与非茄科作物实行 2～3 年轮作；选择土壤肥沃的排水较好的田（地）块种植，充分施足基肥；叶面喷洒植保素 7 500 倍液，提高植株的抗病力。发病初期，选用 75％百菌清可湿性粉剂 600 倍液，或 64％杀毒矾可湿性粉剂 500 倍液，或 40％克菌丹可湿性粉剂 400 倍液，用药液量 60 千克/亩，隔 7～10 天喷 1 次，连续喷 2～3 次。注意在采收前 10～15 天不要用药。

（3）马铃薯晚疫病　主要发生于叶、叶柄、茎及块茎上，在叶上往往发生于叶尖和叶缘，开始为水渍状斑点，天气潮湿时很快扩大，病斑与健部无明显界限，在病斑边缘有白色稀疏的霉轮，叶背更为明显。严重时病斑扩展到主脉或叶柄，使叶片萎蔫下垂，最后整个植株变为焦黑，呈湿腐状。天气干燥时，病斑干枯成褐色，不产生霉轮。薯块感病时形成褐色或紫褐色不规则形病斑，稍微下陷。病斑下面的薯肉呈深度不同的褐色坏死部分，病薯常常由于细菌感染而软腐。薯块会在田间发病，并烂在地里，也会在田间被侵染而入窖后腐烂。

防治方法：选育抗病品种；建立无病留种地；与非茄科作物实行 2～3 年轮作；种薯处理可用 72％霜脲·锰锌可湿性粉剂或

50％锰锌·氟吗啉可湿性粉剂 50 克，加水 2～3 千克，均匀喷洒在 150 千克种薯块上，或用相同药剂加细土或细灰 2～3 千克混合均匀后，拌在 150 千克种薯块上，拌种后的薯块用塑料布覆盖 12～24 小时后再播种。在中心病株出现后，立即拔除，同时进行全田喷药防治，可选用 25％甲霉灵可湿性粉剂 500 倍液，或 58％甲霉灵锰锌 500～600 倍液，或 40％乙膦铝 300 倍液，或 80％代森锰锌干悬浮剂（必得利）800 倍液，用药液量 60 千克/亩，间隔 7～10 天喷药 1 次，共喷 2～3 次。注意在采收前 10～15 天不要用药。

（4）马铃薯病毒病　主要表现为，从植株心叶长出的复叶开始变小，与下位叶差异明显，新长出的叶柄向上直立，小叶常呈畸形，叶面粗糙。主要有以下 3 种症状：

①花叶型。叶面叶绿素分布不均，呈浓绿淡绿相间或黄绿相间斑驳花叶，严重时叶片皱缩，全株矮化，有时伴有叶脉透明。

②坏死型。叶、叶脉、叶柄及枝条、茎部都可出现褐色坏死斑，病斑发展连接成坏死条斑，严重时全叶枯死或萎蔫脱落。

③卷叶型。叶片沿主脉或自边缘向内翻转，变硬、革质化，严重时每张小叶呈筒状。

防治方法：选用脱毒种薯种植；及早拔除病株；发现有蚜虫为害及时防治。发病初期，可选用 24％混脂酸·碱铜水剂 700 倍液，或多糖水剂 300 倍液，或 4％嘧肽霉素水剂 300 倍液，或 20％吗啉胍·乙铜可湿性粉剂 500 倍液，或 7.5％菌毒·吗啉胍水剂 500 倍液，视病情 5～7 喷 1 次，连喷 2～3 次。注意在采收前 10～15 天不要用药。

157. 马铃薯的虫害主要有哪些？如何防治？

（1）蚜虫　主要群居在叶子背面和幼嫩的顶部取食，刺伤叶片吸取汁液，同时排泄出一种黏物，堵塞气孔，使叶片皱缩变形，幼嫩部分生长受到妨碍，可直接影响产量。另外，蚜虫还能把病毒传给健康植株引起病毒病，造成种性退化。

防治方法：选择高海拔的冷凉区域，或风多风大的地方做种薯生产田，使蚜虫不易降落；把种薯生产田建在与有病毒马铃薯田距离 5～10 千米远的地方，以避免蚜虫短距离迁飞传毒；采取选用早播种或进行错后播种等方法，躲过蚜虫迁入高峰期。药剂防治：可选用 10％啶虫脒乳油 12～15 克/亩，或 10％吡虫啉可湿性粉剂 15～20 克/亩，或 2.5％高效氯氟氰菊酯乳油 16～20 克/亩，对水 50 千克喷雾。7～10 天喷 1 次，连续防治 2～3 次。注意在采收前 10～15 天不要用药。

（2）马铃薯瓢虫 又名二十八星瓢虫、花大姐等。主要以成虫、幼虫聚集在叶子背面咬食叶肉，最后只剩下叶脉，形成网状，使叶片和植株干枯呈黄褐色。害虫大发生时，会导致全田薯苗干枯，危害轻的可减产 10％左右，重的可减产 30％以上。

防治方法：及时清洗田园处理残株，降低越冬虫源基数；产卵盛期摘除叶背卵块；利用成虫的假死习性，拍打植株，用盆承接坠落之虫集中加以杀灭；田间卵孵化率达 15％～20％时，用药剂防治，可选用 2.5％溴氰菊酯乳油，或 5％S-氰戊菊酯乳油，或 2.5％高效氯氟氰菊酯乳油等，每亩用药 50 毫升，加水50 升，进行田间喷雾。注意在采收前 10～15 天不要用药。

第七章　草莓生产技术

一、认识草莓

158. 草莓对栽培环境有哪些要求？

（1）温度　草莓不耐热，较耐寒。在气温达到5℃时开始生长，生长适温15～25℃，30℃以上高温和15℃以下低温，光合效率降低。－1℃以下低温或35℃以上高温下，植株发生严重生理失调。但越冬根茎能耐－10℃的低温。6～8月份天气干旱、炎热、日照强烈，对草莓生长产生严重的抑制作用，不长新叶，老叶有时会出现灼伤或焦边。

草莓在平均温度10℃以上开始开花，如果花期遇0℃以下低温或霜害，会使柱头变黑，丧失受精结果能力。

（2）光照　草莓喜光，较耐阴。光照充足，植株生长旺盛，叶片颜色深、花芽发育好，能获得较高的产量。相反，光照不良，植株长势弱，叶柄及花序柄细，叶片色淡，花朵小，有的甚至不能开放，同时影响果实着色，品质差，成熟期延迟。草莓的光饱和点为2万～3万勒克斯，冬季保护地栽培中，室内大部分时间的光照强度低于光饱和点，应当选择透光性高而且稳定的透明覆盖材料并进行人工补光。草莓光合作用最有效的叶龄为展叶后第30～50天的成龄叶。

在花芽形成期，要求每天10～12小时的短日照和较低温度。花芽分化后给以长日照处理，能促进发育和开花。开花结果期和旺盛生长期，草莓需每天12～15小时的较长日照时间。

（3）水分　草莓既不抗旱，也不耐涝。草莓根系入土浅，不耐旱，要求土壤有充足的水分供应。早春和开花期，适宜的土壤含水量为最大持水量的 70％左右；果实生长和成熟期则应提高到 80％以上；果实采收之后，抽生匍匐茎和发生不定根，土壤含水量应保持在 70％以上；秋季是植株积累营养和花芽形成期，应保持在 60％以上。草莓不耐涝，要求土壤有良好通透性，注意田间雨季排水，长时间田间积水，会影响根系生长，严重时会引起叶片变黄、脱落。

（4）土壤　草莓最适于保水、排水、通气性良好，富含有机质的肥沃壤土。沙壤土能促进植株发育，前期产量较高，但土壤易干旱，结果期短，产量低。黏土地种植草莓，植株生长慢，结果期较迟，但定植后二、三年植株发育良好。草莓喜微酸性土壤，适宜土壤 pH5.5～6.0。

159. 草莓植株有哪些特点？对生产有哪些指导作用？

（1）根　草莓的根系分布浅，不发达。草莓的根系由根状茎和新茎上产生的须根组成，根系分布比较浅，根系的 70％分布在 20 厘米土层内。初生根的成活期一般为 1 年，管理好时，可存活 2～3 年。一株草莓通常有 20～25 条初生根，多的可达到100 条根以上。

（2）茎　草莓的茎分为根状茎、新茎和匍匐茎 3 种。草莓多年生的短缩茎称为根状茎，是贮藏营养物质的地方。草莓当年生的茎为新茎。新茎上着生叶片，叶腋着生腋芽。匍匐茎由新茎的腋芽萌发而成，是草莓的营养繁殖器官。匍匐茎细长柔软，节间较长，在匍匐茎的偶数节上会形成短缩茎，向上形成芽和密集的叶片，向下产生不定根，成为一棵草莓簇生苗。每一棵草莓母株可产生出数条匍匐茎，每条匍匐茎上可连续形成 3～5 棵簇生苗（图 7-1）。有的品种当年能抽生 2～3 次匍匐茎，因此草莓的无性繁殖非常方便。簇生苗离母株越近形成越早，生长发育也越健壮，一般当年秋季定植后，来年初夏就能结果，因此新建草莓园时，要尽量选用靠近母株的壮苗。

图 7-1　草莓匍匐茎和簇生苗

（3）叶　草莓为三出复叶。一株苗一年可产生叶片 20～30片，叶片的寿命为 60～80 天。一般植株上的 4～6 片新叶的光合作用最强，衰老的叶片光合作用降低，并有抑制花芽分化的作用，要及时摘除老叶。

（4）花　草莓的大多数品种为完全花。草莓的花由花柄、花托、萼片、花瓣、雄蕊群和雌蕊群组成。花托是花柄顶端膨大部分，呈圆锥形并肉质化，其上着生萼片、花瓣、雄蕊、雌蕊。草莓的花序常为二歧聚伞花序或多歧聚伞花序。每个新茎少则抽生一个花序，多则抽生数个。每个花序着生 3～30 朵花，一般着生20 朵花左右。

（5）果　草莓的果实为浆果，是由花托膨大而成。种子嵌埋在果实的皮层中，不同品种种子嵌入的深度不同，或平于果面，或凸出果面，或凹入果面，是区别品种的重要特征。草莓果实的形状因品种而异，常见的有扁圆形、圆形、圆锥形（包括短圆锥形、长圆锥形）、楔形（包括短楔形、长楔形）、椭圆形等。果实形状是区别品种的重要特征之一。草莓栽培品种的平均单果重

20克左右，最大者可达80克以上。在同一品种中，第一花序的果实最大；在同一花序上，随着果实级次的增高，果实变小，一般四级花序的果就失去了商品价值。草莓成熟果的果面颜色多种多样，主要有红色、深红色、粉红色、橘红色等几种。

160. 草莓栽培品种主要有哪些类型？

草莓品种的分类方法比较多，按果形分为扁圆形、圆形、圆锥形、椭圆形等；按颜色分为红色、粉红色、橘红色等类型；按果形大小分为大果型、中果型和小果型等；按品种来源又分为国产型和外国型，外国型主要包括日本型和欧美型两种。

（1）日本类型　主要特点为果个儿偏小，果肉多汁、肉质柔软、甜香浓，但不耐储运，产量低，适合采摘。主要品种有章姬、红颜、天香、枥乙女、幸香等。

（2）欧美类型　主要特点为果实个大，产量高，耐储存，但果肉较硬，酸度也大，口感稍逊，适合加工，如做草莓汁、草莓酱等。主要品种有甜查理、卡姆罗莎等。

161. 草莓的优良品种有哪些？

（1）章姬　又称牛奶草莓。该品种生长势旺盛，株型较直立；叶片呈长圆形、叶色浓绿；抽生匍匐茎能力强，平均每株抽匍匐茎18条，匍匐茎粗壮，呈绿白色；休眠程度浅，花芽分化对温度要求不太严格，花序花数较多，平均单果重20克左右（四档花序的总平均值），果形端正整齐，畸形果少，果面绯红色，富有光泽；果肉柔软多汁，肉细，风味甜多酸少，含可溶性固形物9%～14%，果实完熟时品质极佳；章姬为温室和大棚保护栽培的优良品种，对白粉病、黄萎病、芽枯病等抗性较强，但耐储运性较差。

（2）红颜　又称红颊。植株生长势强，株高25厘米左右，结果株径大，分生新茎能力中等，叶片大而厚，叶柄浅绿色，基部叶鞘略呈红色，匍匐茎粗，抽生能力中等，花序梗粗，分枝处着生一大一小两完全叶。红颜草莓每个花序 4～5 朵花，花瓣易落，不污染果实。果实个大，一般 30～60 克，最大可达 100 多克。果实圆锥形，种子黄而微绿，稍凹入果面，果肉橙红色，质密多汁，香味浓香，糖度高，风味极佳，果皮红色，富有光泽，韧性强，果实硬度大，耐储运。休眠浅，打破休眠所需的 5℃以下低温积累为 120 小时，保护地栽培中一般不需要用赤霉素处理。

（3）丰香　该品种生长势强，株型较开张；叶片圆而大、厚、浓绿，植株叶片数少，发叶慢，匍匐茎发生量较多，平均每株抽生匍匐茎 14 条左右，匍匐茎粗，皮呈淡紫色。果实大，平均单果重 16 克左右（四档花序的总平均值），果型为短圆锥形，果面鲜红色，富有光泽，果肉淡红色，果肉较硬且果皮较韧，耐储运，风味甜酸适度，可溶性固形物含量 8%～13%。汁多肉细，富有香气，品质优。休眠浅，抗白粉病能力差。适合温室、塑料大棚保护栽培。

（4）凤冠　植株较高，株型较直立。叶片圆大，生长繁茂。单株着生花序 2～3 个，每花序有花蕾 10～12 个，平均每花序结果数 5～6 个，连续结果性较好。顶果多为扇形聚合果，其余果实呈圆锥形，果实鲜红、着色均匀，平均单果重约 21 克，平均可溶性固形物含量 11.7%，口感好。苗期较耐高温，炭疽病发病轻。休眠较浅，适合温室和大棚栽培。

（5）甜查理　株形半开张，叶色深绿，椭圆形，叶片大而厚，光泽度强。果实个大，平均果重 25～28 克，最大果重 60 克以上，亩产量 2 800～3 000 千克，年前产量可达 1 200～1 300 千克，果实商品率达 90%～95%，鲜果含糖量 8.5%～9.5%，品质稳定。但果肉密度稍小，要注意适时采收。适合北方地区温室、大棚栽培，是供应元旦、春节市场的最佳新鲜水果，北方寒冷地区日光温室定植时间以 9 月上旬为宜。当草莓生长到 6 片复叶时，一般一级花序留果 1～2 个，其余疏除。以后对每新抽生的花序只留低级次的花，留果数 2 个，单株每个生长季产果数保持在 10~15 个。

（6）大将军　草莓大果型、早熟品种。果实圆柱形，果个特大，最大单果重 122 克，一序果平均重 58 克。果面鲜红，着色均匀，果实坚硬，特别耐储运；果味香甜，口感好；果实成熟期比较集中。丰产，日光温室栽培可以连续结果 3 次，结果期长达 4 个月，亩产可达 3 000 千克。植株生长强壮，叶片大，匍匐茎抽生能力中等；抗旱、耐高温，抗病、适应性强。花朵大，坐果率高。适合温、大棚栽培。

（7）草莓王子　高产型中熟品种。植株高大，生长势强，叶片灰绿色。匍匐茎抽生能力强，喜冷凉湿润气候，花芽分化需要低温短日照。果实圆锥形，个大，最大单果重 107 克，一序果平均自重 42 克，果面红色，有光泽；果实硬度好，贮运性能佳；果味香甜，口感好。产量高，拱棚栽培一般亩产 3 500 千克，露地栽培亩产 2 800 千克。适合我国北方温室、大棚和露地栽培。

（8）弗杰尼亚　中早熟品种。植株生长势强，叶片较大，鲜绿色。果实长圆锥形或长楔形，颜色深红亮泽，味酸甜，硬度大，耐储运。果实个大，最大单果重 100 克以上，一序果平均重 42 克左右。在日光温室中，可以从 11 月下旬陆续多次开花结果至翌年 6~7 月份，温室栽培亩产可达 6 000 千克。

（9）佐贺清香　植株生长健强，柄粗、叶大，叶片伸张角度比丰香小，匍匐茎抽生能力好于丰香，开花结果期比丰香早 5~7 天；花序总花量比丰香少，花序连续抽生能力强，果实圆锥形，果面鲜红色平整有光泽，畸形果和沟棱果少，一级序果均重 35 克，最大单果重 52.5 克，品质极优，可溶性固形物含量 10.2%，果实硬度为 0.762 千克/厘米^2，明显优于丰香。较抗白粉病，平均亩产可达 2 500 千克以上，适宜北方日光温室和拱棚栽培，是替代丰香的最理想品种。

（10）宝交早生　中早熟品种。植株长势旺而开张，繁殖力强，叶片椭圆呈匙形。果实圆锥至楔形，平均单果重 10~12 克，果面鲜红色，有光泽，果肉浅橙色和白色，质细软，风味甜，香味浓，汁多；种子红或黄色，多凹于果面，硬度中等。可溶性固形物含量 9.6%～10%，每 100 克维生素 C 含量 49 毫克。不耐储运，抗灰霉病较差，不耐热。产量中等。第一级花序单果重 31 克左右，亩产可达 2 000 千克以上。适宜温室、大棚栽植以及北方露地栽培，亩定植 8 000～9 000 株。

（11）鬼怒甘　果实短圆锥形或扁楔形，平均单果重 32 克，最大 68 克。果色浅红，艳丽，有芳香味，极甜，可溶性固形物含量 12%～18%，高于一般草莓 7%～12%。果实耐贮藏，12 月～翌年 2 月采收的果实可自然存放 7～10 天，3 月以后采收的果实存放 4～7 天。花序多，每株 2～3 枝，连续抽生能力强，可连续结果 6 个月。该品种适应能力强，既耐高温，又抗寒，抗白粉病、灰霉病能力均强，适合我国南北各地露地、小拱棚、温室栽培。该品种繁殖能力强，栽种时宜稀植。

162. 怎样选择草莓品种？

草莓品种繁多，特性各异，各品种适栽地区和适栽方式的专一性较强。因此，有目标地选择品种，是草莓成功栽培的首要一环。

（1）根据栽培目的选择品种　以鲜食为主要栽培目的时，应选择大果型品种，而且要求果形美观、色泽鲜艳、风味甜酸适度，并富有香气，耐储运性好，如宝交早生、丰香等。以加工为主的，则应选果皮果肉色泽鲜红，维生素 C 含量高，采摘时果蒂易脱落，适合露地栽培，产量高的品种，如硕丰、硕蜜等加工专用种。

在同一地区，作露地栽培的宜选择休眠深的品种，用于冬季或早春温室、大棚栽培的，应选择休眠期较短，耐低温并且在低温条件下能正常开花、坐果能力强、果实个大、果形好、产量高、品质好的品种。优良品种有日本的鬼怒甘、嬉姬、红颊、佐贺、童子 1 号、金梅等。

（2）根据产地离销售市场的远近选择品种　产地远离销售市

场或交通不便的地方，应选择果实硬度大或果皮不易变色的耐储运品种，如硕丰、硕蜜等；离销售市场近或近郊地区，可选用品质优，而储运一般的品种，例如丰香、宝交早生等。

二、草莓育苗技术

163. 草莓育苗主要有哪些方式？壮苗标准有哪些？

一般草莓专业育苗是通过脱毒苗来繁殖生产用苗，这样秧苗生长健壮，高产。农户自己育苗多采用田间压蔓育苗、营养钵假植育苗、苗床假植育苗等形式。

壮苗标准：具有 4 片以上展开叶，根茎粗 1.2 厘米以上，根系发达，苗重 20 克以上，顶花芽分化完成，无病虫害（图 7 - 2）。

图 7 - 2 草莓苗

164. **草莓育苗应掌握哪些管理技术?**

（1）田间压蔓育苗　选择品种纯正、健壮、无病虫害的植株作为繁殖生产用苗的母株，建议使用脱毒无病种苗。露地育苗。一般北方 4～5 月份，当日平均气温达到 10℃以上时定植脱毒母株。母株定植前半个月左右，深翻地 30 厘米左右。结合翻地每亩使用优质土杂肥 3 000～5 000 千克，过磷酸钙 50 千克，三元复合肥（N∶P∶K＝15∶15∶15）25 千克。整平地面后，做成为宽 1.2～1.5 米的畦。

母株用 25%吡唑醚菌酯乳油 1 500 倍液及生根剂浸根处理，晾干后移栽定植。双行定植，株距 80 厘米；或单行定植，株距 60 厘米，一般每亩栽 800～1 100 株。栽植深度是苗心茎部与地面平齐，深不埋心，浅不露根。定植时去除老叶，定植后浇透水。

定植成活后，要及时摘除花蕾，减少养分消耗，促进植株营养生长，及早抽生大量匍匐茎。为促进植株多分化匍匐茎，一般于 5～6 月份，叶面喷洒赤霉素 30～50 毫克/升 1～2 次，第二次喷洒要在第一次喷后 7～10 天进行。在匍匐茎大量产生时，应及时将匍匐茎向四周拉开，以防交叉或重叠在一起造成拥挤。同时，在匍匐茎的偶数节上压土，以促进茎上生根，形成健壮的匍匐茎苗。

定植后，结合浇水冲施一次尿素，每亩 5～10 千克。10～15 天后再施肥一次，促母株生长。8 月上旬控制氮肥用量，增施磷钾肥，可叶面喷 0.2%磷酸二氢钾，以促匍匐茎苗健壮生长，花芽分化充实。

育苗中后期，摘除老叶、病叶，疏除部分细幼苗。每株母株保留 6～8 条匍匐茎，每条匍匐茎留 4～6 株细苗摘心，促进幼苗健壮生长。

育苗期间要进行多次中耕除草，保持土壤疏松，有利于匍匐茎生长及幼苗扎根，保证出苗率。

（2）营养钵假植育苗　一般在 6～7 月，选取 2 叶 1 心以上已经生根的匍匐茎苗，栽入直径 10～12 厘米的营养钵中。育苗土为无病虫害的肥沃壤土，加入一定比例的有机质。有机质主要有草炭、山皮土、炭化稻壳、腐叶、腐熟秸秆等取其中之一或几种。另外，育苗土中要加入 1/3 的优质腐熟农家肥。将栽好苗的营养钵排列在架子上或苗床上，株距 15 厘米。栽植后浇透水，第 1 周必须遮阴，定时喷水以保持湿润。栽植 15 天后叶面喷施 1 次 0.3％尿素液，之后每隔 10 天喷施 1 次 0.2％磷酸二氢钾。及时摘除抽生的匍匐茎和枯叶、病叶，并进行病虫害综合防治。育苗后期，要对苗床上的营养钵苗通过转钵进行断根。

（3）苗床假植育苗　在定植前 40～60 天，选取具有 3 片展开叶的匍匐茎苗进行栽植，株行距为 15 厘米×15 厘米。定植后适当遮阴，栽后立即浇透水，并在 3 天内每天浇水 2 次，之后见干浇水。栽植 15 天后叶面喷施 1 次 0.2％尿素液，每隔 10 天喷施 1 次磷酸二氢钾。适当控水和氮肥，促使草莓花芽分化。及时中耕锄草，摘除抽生的匍匐茎和枯叶、病叶，并进行病虫害综合防治。8 月下旬至 9 月初进行断根处理，切断部分根系，促进花芽分化，并使花芽分化整齐一致。

三、草莓的保护地栽培管理技术

165. 草莓保护地栽培形式主要有哪些？

北方草莓保护地栽培主要分为塑料大棚栽培和日光温室栽培两种形式。其中，塑料大棚草莓栽培成本低，比较效益高，发展比较快，特别是冬季覆盖保温被的大型塑料大棚栽培形式发展较为迅速，在冬季不甚寒冷地区已经取代温室，成为冬春保护地草莓的主要栽培形式。

北方保护地草莓栽培，通常在 9～10 月定植，早的当年 12 月就可以采摘，晚的于来年的 1～3 月份陆续采摘，可以持续到 5～6 月。

166. 保护地草莓定植应掌握哪些技术要领？

（1）定植时期　为争取元月底至 2 月初草莓上市，草莓苗的适宜定植时间应安排在 8 月中旬至 9 月上旬。

（2）整地做畦　栽植前应结合深翻施足基肥，每亩施优质土杂肥 5 000 千克，另加适量的氮磷钾（15∶15∶15）三元复合肥。整平地面后做高畦，畦宽 1 米，畦高 20～30 厘米。

（3）定植　选壮苗定植。要随起苗随移栽，每畦栽 2 行，行距 27 厘米，穴距 20 厘米。将根系剪去一半（否则会引起苗木本身旺长，开花数量增多，导致果形变小），根系平展埋入土里，栽植深度是苗心基部与土面相平齐，苗心露出畦面。栽植过深埋住苗心，会引起烂心而死苗，栽植太浅根外露，容易干枯。栽苗时，同一行植株的花序朝同一方向，使草莓苗弓背朝花序预定生长方向。定植后及时浇定植水，使 1～2 周内的土壤保持湿润状态。

167. 保护地草莓怎样进行温度和光照管理？

（1）地膜覆盖　覆盖地膜应在定植后 1 个月左右进行。覆盖前要彻底清除病叶、黄叶。沿埂纵向覆盖，在每株草莓的位置上用刀或手开 1 个口，将草莓苗的叶茎从开口处掏出，尽量不要伤着叶片，开口要尽可能小。

（2）扣棚　当夜温低于 5℃时，开始扣棚。

（3）温度管理　草莓生长最适温度是 20～28℃，36℃ 以上高温与 5℃ 以下低温对草莓生长都不利。一般白天温度控制在 25～28℃，不要超过 30℃，晚上以 7℃ 为宜。初花期保持 25℃，成花期掌握在 23℃。

12月下旬至翌年1月底，棚温低于5℃时，应在大棚内设小拱棚保温。遇到极端低温时，夜间应在棚膜下再加盖一层保温膜，进行三层膜保温覆盖。到翌年4月，气温明显回升后，可拆除大棚两边的围膜，用防虫网覆盖防虫，以加大通风量，降温降湿，延长果实的生产期。

（4）通风　草莓苗生长的适宜土壤湿度为70％～80％，棚内空气湿度为60％～70％。当棚内气温超过30℃时，应揭膜通风。当棚内湿度超过70％时，也应揭膜通风，降低棚内空气湿度。花期棚内放养蜂时，应在放风口加盖防虫网，防止蜂群外逃。

（5）光照管理。草莓花芽分化需较低温度和短日照，可在遮阳网上加盖草苫（保温被），遮阳网离地面1.2米，以便于人员操作。通过揭与盖草苫的操作过程，人工造成短日照的条件及较低温度，促进顶花序和腋花序的分化。根据所用品种不同，需要持续时间1个月左右。

168. 保护地草莓怎样进行肥水管理？

定植后要及时浇水，发现有缺苗时，要及时补苗。缓苗成活后，结合浇水，亩施尿素10千克，促苗生长。秋季多雨时，应及时排水。草莓园四周应早做排水沟道，使棚内畦沟水能排尽。

在开花与浆果生长初期，分别灌水1次。宜用沟灌，使水灌到沟高2/3处为好，让水渐渐渗入畦土，沟内余水排出。果实膨大期，要及时浇水。否则，会使果变小，着色差。

初花期与坐果初期各追肥1次。亩施尿素10千克，磷肥20千克，氯化钾10千克，或氮磷钾（15∶15∶15）三元复合肥35千克。第二年开春后随着气温回升，生产速度加快，为避免草莓果实酸化，应增施钾肥，每亩施0.3％硫酸钾5千克左右。结果期间，每隔10天左右，叶面喷施1次0.3％尿素和0.5％的磷酸二氢钾，或草莓专用叶面肥。

169. 保护地草莓怎样进行植株调整？

从草莓苗定植到长出花蕾期间，一般要求保留 5～6 片叶并保留一芽，对过多老叶及子芽、腋芽和匍匐茎要及时摘除。开花结果后，摘除基部变黄的老叶、枯叶，及时摘除匍匐茎，以减少养分消耗。

170. 保护地草莓怎样进行花果管理？

（1）辅助授粉　草莓栽培面积不大时，可以进行人工辅助授粉，反之，应当释放熊蜂辅助授粉。

草莓人工授粉最佳时间是每天上午 10 时至下午 3 时。授粉方法：用毛笔或软毛刷，轻轻地触碰当天开放花朵的雄蕊，蘸上花粉后，再在花的中间凸起部位（雌蕊）轻轻触摸一下，将花粉涂抹到雌蕊的柱头上。按此次序一朵一朵花顺次连续进行，直到全部的花处理完。

释放熊蜂授粉一般是在草莓进入花期后，有 5％以上花朵开放时进行。50 米长、8 米宽温室摆放一箱蜜蜂（4 000 只左右蜜蜂，保证每株草莓有一只蜜蜂）。蜂箱摆放高度与草莓花朵处在同一水平线上（立体栽培的草莓，蜂箱要用支架架起），以便充分利用蜜蜂的趋光性及花瓣刺激诱导作用，使蜜蜂早出、多出。要注意蜜蜂移入前 1 个月不能打药，开花前 1 周搬进去。

（2）疏花疏果　草莓主要是从新茎顶端抽生花序，称主花序；而新茎分枝及叶腋处也能抽生花序，称为侧花序。主花芽分化时间较早，分化时间也长，花芽质量好，而侧花芽分化晚，花芽质量差，结果晚，果实小，品质较差，产量也低。生产上通常要疏去过多的侧花序，只留 1～2 个侧花序，以保证果实的高产优质。

一般每花序留果 7～9 个，以增大果实，提高品质。疏花疏果时，要去高留低（留低节位的果实），去弱留强。当花序果实采收结束时，要及时把老花茎摘除。

四、草莓的采收与采后处理

171. 怎样确定草莓的采收期？

草莓从开花到采收一般要经过 35～40 天，果实成熟后果肉很快变软，酸败，不耐贮藏。此外，由于草莓果实肉质，无果壳保护，果实在采收和储运过程中，较容易受到机械损伤以及感染病菌等，缩短果实的储运期。因此，果实进入采收期后，应根据栽培品种、采收季节以及市场供应等情况适时采收。

鲜食草莓短距离运输可在着色 90%～95% 时采收，远距离运输则在果面着色 80% 时采收；硬肉型品种，如全明星、哈尼以果实全红时采收才能达到该品种的风味，同时也不影响运输；加工用草莓则要求完全成熟时采收。果实表面 3/4 变红时采收为宜。

冬季销售可在八成熟时采收，春季应在七成熟开始采收，以便于运输和销售。

172. 草莓采收应掌握哪些技术要点？

（1）采摘时间要适宜 草莓被日晒的浆果、露水未干或下雨时采摘的浆果极易腐烂，因此，草莓采摘时间最好在早晨露水已干至午间高温未到之前，或傍晚天气凉爽时，避免在中午采收。

（2）要避免机械损伤 手工采收时，要轻摘轻放。摘果时要连同花萼自果柄处摘下，留果柄 1～2 厘米，要避免手指与果实接触。把果实轻轻放在特制的果盘里，果盘大小以 90 厘米×60 厘米×15 厘米为佳。注意不要堆放太厚，以免压伤果实。

（3）分批采收 采收时，先采摘商品果，再采摘次等果，分别存放。病、虫果采摘后随即带出棚外掩埋掉。

（4）草莓采摘要勤 由于草莓结果期长，要分批分次采收，每次宜将成熟的果实全部采净，尽量做到不要漏采。否则，过于成熟将失去商品性。采收初期每隔 1～2 天采收一次，盛果期每天采收一次。

装满草莓的果盘可套入聚乙烯薄膜袋中密封，并及时送冷库冷藏。

173. 草莓采后处理主要有哪些？

（1）挑选　去除烂果、病果、畸形果，选择着色、大小均匀一致、果蒂完整的草莓果。

（2）清洗　用草莓清洗机清洗后，以 0.05％高锰酸钾水溶液漂洗 30～60 秒，捞起，用清水漂洗后沥去水分。

（3）预冷　收获后尽快放进冷藏库，数量大时边收获边入库。库内专用箱成列摞一起排放，两列之间间距大于 15 厘米。库内空气相对湿度保持 90％以上，温度保持 5℃，勿降至 3℃以下。4～5 月气温升高，库内温度维持在 7～8℃，适当提高温度可减少草莓装盒时结露。收获时如草莓果实温度达 15℃，要在预冷库内放置 2 小时以上，才能使草莓果降到 5℃。因此，果实入库后 2 小时内尽量不要开启库门。

（4）钙离子处理　钙离子处理可抑制微生物繁殖，使草莓腐烂程度降低，延缓草莓衰老。钙离子处理后的草莓可具有更长的贮藏期。

（5）气调贮藏　在温度 0～0.5℃，空气相对湿度 85％～95％，氧气 3％，二氧化碳 6％环境里贮藏。入库时按草莓大小分级堆放，纸盒间距应大于 1 厘米。

五、草莓的病虫害防治

174. 草莓的主要病害有哪些？ 如何防治？

（1）草莓灰霉病　主要危害花、叶和果实，也侵害叶片和叶柄。发病多从花期开始，病菌最初从将开败的花或较衰弱的部位侵染，使花呈浅褐色坏死腐烂，产生灰色霉层。叶发病多从基部老黄叶边缘侵入，形成 V 字形黄褐色斑，或沿花瓣掉落的部位侵染，形成近圆形坏死斑，其上有不甚明显的轮纹，上生较稀疏灰霉。果实染病多从残留的花瓣或靠近或接触地面的部位开始，初呈水渍状灰褐色坏死，随后颜色变深，果实腐烂，表面产生浓密的灰色霉层。叶柄发病，呈浅褐色坏死、干缩，其上产生稀疏灰霉。

防治方法：定植前每亩撒施 25％多菌灵可湿性粉剂 50～60千克后，耙入土中防病效果好；栽培期间控制施肥量、栽植密度和田间湿度，地膜覆盖以防止果实与土壤接触；及时摘除老、病、残叶及感病花序，剔除病果；花序显露到开花前喷等量式波尔多液 200 倍液，或多氧霉素可湿性粉剂 500 倍液，或敌菌丹可湿性粉剂 700～1 000 倍液，或抑菌灵可湿性粉剂 500～800 倍液等，每 7～10 天 1 次，直至大批果实采收结束。保护地栽培可用45％百菌清烟雾剂 200～250 克/亩或速克灵烟雾剂 200～250 克/亩防治。注意在采收前 10～15 天不要用药。

（2）草莓白粉病　主要危害叶片、叶柄、花、花梗和果实。叶片染病，初期在叶背产生白色近圆形星状小粉斑，后向四周扩展成边缘不明显的连片白粉斑，严重时整个叶片布满白粉，叶缘向上卷曲变形，最后病叶逐渐枯黄。花、花蕾染病，花瓣呈粉红色，花蕾不能开放。果实染病，幼果不能正常膨大，后期果面覆有一层白粉，着色不良。

防治方法：选用抗病品种；合理密植；果农之间尽量不要互相"串棚"，避免人为传播；病蔓、病果要尽早在晨露未消时轻轻摘下，装进方便袋烧掉或深埋。发病初期在棚内每 100 米^2 安装一台熏蒸器，熏蒸器垂吊于大棚中间距地面 1.5 米处，熏蒸器内盛 99％的硫黄粉 20 克，在傍晚大棚盖帘后开始加热熏蒸。隔日 1 次，每次 4 小时。如果棚内夜间温度超过 20℃时，要酌减药量。也可用 50％嘧菌酯水分散粒剂 1 000～1 200 倍液，或 10

亿孢子/克浓度枯草芽孢杆菌可湿性粉剂 1 000～2 000 倍液，或 30%氟菌唑可湿性粉剂 1 500～3 000 倍液等喷雾防治。注意在采收前 10～15 天不要用药。

（3）草莓叶斑病　草莓蛇眼病又称草莓白斑病、蛇眼病。主要危害叶片，大多发生在老叶上。叶片染病，最初形成小而不规则的红色至紫红色病斑，以后逐渐扩大为直径 2～5 毫米大小的圆形或长圆形病斑，病斑中心灰白色，边缘紫褐色，似蛇眼状，后期病斑上产生许多小黑点，为害严重时，许多病斑融合成大病斑，叶片枯死。果柄、花萼染病后，形成边缘颜色较深的不规则形黄褐色至黑褐色斑块，干燥时易从病部断开。果实染病，浆果上的种子单粒或连片受到侵害，被害种子连同周围果肉变成黑色。

防治方法：选用抗、耐病品种；合理轮作，适当稀植，摘除老叶、枯叶、改善通风透光条件；发病初期，选用50%嘧菌酯水分散粒剂 1 000～1 200 倍液，或 50%琥胶肥酸铜（DT）可湿性粉剂 500 倍液，或 65%代森锌可湿性粉剂 350 倍液等，间隔 10 天喷 1 次，共喷 2～3 次。注意在采收前 10～15 天不要用药。

175.　草莓的主要虫害有哪些？如何防治？

（1）红蜘蛛　以成螨、若螨在叶背刺吸植物汁液，发生量大时叶片灰白，生长停顿，并在植株上结成丝网，严重时导致叶片焦枯脱落，草莓如火烧状。草莓叶片越老，含氮量越高，红蜘蛛越易发生。

防治方法：清除田间、地头杂草，减少虫源；育苗期间，及时摘除有虫叶、老叶和枯黄叶，并集中烧毁；虫害发生初期，可选用 0.5%藜芦碱可溶液剂 500 倍液，或 43%联苯肼酯悬浮剂 1 800～2 600 倍液，或螺螨酯 240 克/升悬浮剂 4 000～6 000 倍液喷雾，每 7～10 天一次，连续用药 2～3 次。一般采果前两周停止用药。

（2）蚜虫　群居在草莓嫩叶叶柄、叶背、嫩心、花序和花蕾上活动，吸取汁液，造成嫩芽萎缩，嫩叶皱缩卷曲，畸形，不能正常展叶。越是优良品种，果实好吃，越易感蚜虫，叶色黄或黄绿色品种也容易招蚜虫。

防治方法：及时清洁田园，摘除草莓老叶，消灭杂草；用银灰色的地膜覆盖，防止蚜虫迁飞到草莓地；在草莓地周围设置黄色板，把涂满橙黄色 30 厘米×50 厘米的塑料薄膜，外再涂一层黏性机油，插入田间或挂在高出地面 0.5 米，隔 3～5 米放 1 块，可以大量诱杀有翅蚜；在放风口处设防虫网阻隔，或挂银灰色地膜条驱避蚜虫。药剂防治应在蚜虫发生初期，可选用 1.5% 苦参碱可溶液剂 1 500 倍液喷雾，或 22% 氟啶虫胺腈水分散粒剂 1 500 倍液，交替使用。每 7～10 天一次，连续用药 2～3 次。保护地栽培也可用熏虱灵、敌敌畏等熏蒸剂熏蒸。注意在采收前 10～15 天不要用药。

参 考 文 献

韩世栋，王广印，周桂芳，等.2009.出口蔬菜生产与营销技术［M］.北京：中国农业出版社.

韩世栋，王广印，周桂芳，等，2014.蔬菜嫁接百问百答［M］.3版北京：中国农业出版社.

韩世栋，周桂芳，等，2014.辣椒生产技术百问百答［M］.3版北京：中国农业出版社.

韩世栋，周桂芳，等.2015.新区蔬菜生产指南［M］.北京：中国农业出版社.

韩世栋，2009.51种优势蔬菜生产技术指南［M］.北京：中国农业出版社.

韩世栋，2014.绿色蔬菜产销百问百答［M］.北京：中国农业大学出版社.

林翔鹰，2011.水果栽培技术丛书——草莓无公害高产栽培技术［M］.北京：化学工业出版社.

王培伦，董道峰，杨元军，2012.王乐义蔬菜栽培答疑丛书：马铃薯栽培答疑［M］.济南：山东科学技术出版社.

杨雷，2013.最新农业实用技术系列丛书草莓栽培新技术问答［M］.石家庄：河北科学技术出版社.